# 面白くて眠れなくなる進化論

長谷川英祐

PHP文庫

○本表紙図柄＝ロゼッタ・ストーン（大英博物館蔵）
○本表紙デザイン＋紋章＝上田晃郷

# はじめに

この世界は、めくるめく多様な生物であふれています。

バクテリアのように目に見えない小さなものから、クジラのように巨大なものまで実にたくさんの生物がいます。生物はよく似たものをひとまとまりにした「種」という単位に分類されていますが、全世界に一体どれだけの「種」がいるのかは全くわかっていません。

人間にとって身近な昆虫という仲間だけを考えても、現在九五万種ほどが科学的に記載されており、最終的にはもっともっといるのではないかと考えられています。ましてやバクテリアなども含めると、どのくらいいるのか見当もつきません。

とにかく世界には本当にたくさんの生物がいるのです。

なぜこのように多様なのか？

それを明らかにすることが生物学の目的のひとつです。また、生物にはもうひとつの不思議があります。それぞれの生物は、住む場所に対してとてもよく合った生き方をしていることです。

例えば、葉っぱの上にいるバッタは背景にとけ込む緑色をベースとした体色をしており、外敵からは見つかりにくくなっています。海に住むクジラやイルカ、魚たちは流線型の体と水を効率よくかき分けて進むヒレを持っており、水中で生活しやすいようになっています。

このような例はいくらでも挙げることができますが、全ての生物は、生活する場所でうまくやれるようにできているのです。

生物学的にはこのことを「適応」と呼びます。

なぜ適応しているのか？　その解明が生物学のもうひとつの目的です。

なぜ世界にはこのように多様な生物が存在し、各々《おのおの》の場所によく合った性質を備えているのか？　これは昔から人々の興味を引く問題であり、その考えは時代とともに変化しました。

かつては、「生物はできた時からそのままであり、時間とともに変化しない」と考えられていましたが、比較的最近になり、「生物はずっとそのままでいるのではなく、時間とともに変化していくものではないか？」という考え方が現れました。

このような考え方を「進化論」と呼んでいます。

「進化論」はどのようにして現れ、どのように受け止められていったのか。

現代の「進化論」は、生物の多様性をどこまで説明できるのか。

そして、「進化論」の新しい展開。

本書は、生物の多様性と適応をめぐる進化論の冒険について、できるだけわかりやすく述べたものです。生物たちは、人間が思いもよらない不思議な生態を見せることがあります。

そういった生物の不思議な生態を織り交ぜながら、「なぜ」「どのように」そうなのか、という科学が解き明かすべき根本の疑問の観点から、進化論の歴史、可能性と限界、そして新たな展開について述べていきます。

生物の多様性の魅力について知ってみたい全ての方々、特に専門家ではない人たちに向けて本書は書かれています。

進化って面白そうだけど難しくてよくわからない。

そう思っている皆さん、進化論の冒険の旅におつきあいいただきたいと思います。

# 面白くて眠れなくなる進化論　目次

Part Ⅱ

# 進化論の現在

A
T
G
C

Part Ⅲ

# 進化論の未来

本文デザイン&イラスト　宇田川由美子

# Part I

# 進化論の誕生

Lamarck
Darwin

# 神の御業を見よ——進化論以前

進化という言葉は昔からあった訳ではありません。

それどころか、生物学の中に進化という言葉が現れたのは、せいぜい二百五十年ほど前のことにすぎないのです。なぜなら、それ以前は、「生物は時間とともに変化していかない」と考えられていたからです。

もちろん、人々はこの世界にとても多様な生物がいること、そして生物が各自の生きる環境に適応している理由を知りたいとは思っていました。しかし、その説明をするのは簡単ではありませんでした。そこで人々が採用したのは、わからないものはわからないとしておくのではなく「わかったようなつもりになる説明を与えて問題を棚上げする」という処理でした。

この世界には、なぜそうなっているのかよくわからない問題が数多くあります。

例えば、昔の人にとって、なぜ私たちがこの世に存在するのか、なぜ時々太陽が暗くなるのか、なぜ悪い病《やまい》が流行るのか、こういうことは全て理由がわからないものでした。

現在でも、そういう問題はあります。

なぜ光は秒速約三〇万キロメートルで進むのか。宇宙に関わる様々な定数（プランク定数など）は、なぜその値でなければならないのか、などはいまだに理由がわかっていません。

うまく説明できないものに理由付けをしたいときに、最も簡単な方法はなんでしょうか。

それは、召喚です。つまり、全知全能の神様がそのようにお作りになられたのだと言えばよい。悪いこと、不気味なことは、神の怒りだと言えばよいのです。

どの民族も創世神話を持っています。

世界がなぜこのようであるのかはわからない。

しかし、知りたい。そこで神様の出番です。この世は神によって作られた。この世界がこのようであるのは、全て神の思《おぼ》し召しである。そう決めてしまえば悩む必要はありません。以上のような説明は、実は何も説明していないのですが、理由付けしたような気にはなれます。

全ては神の思し召し。もちろん、生物が多様なのも、環境に適応しているのも神がそのように作りたもうたからです。神の御業《みわざ》を見よ、ですね。

ですから、全知全能の人格神を持つキリスト教文化圏では、世界がこのようになっているのは全て唯一神がそのようにお作りになったからとされました。科学は、キリスト教を基盤とした欧州社会で発達した思想ですが、そもそもは、世界がいかにうまくできているかを調べて神の偉大さを証明するために始まったものだ、ともいわれています。

様々な社会で、原初、世界をお作りになられた神に関する神話があります。

余談ですが、我が日本にも国産み神話があります。最初の神様イザナギとイザナミが日本を作った有名な神話ですが、この神話にはひとつの面白い挿話があります。イザナギとイザナミは国を産むためにどうすればいいのかがわからず困っているとき、一つがいのセキレイ（鳥）が交尾をするのを見て、国の産み方を知るというエピソードが書かれています。

そうすると、世界が存在する前にセキレイはどうやって生まれてきたのか？ 謎が残ります。

ともあれ、進化論以前の世界（西洋世界）では生物の多様性も適応も、神によってそのように生み出されたもので、昔から現在に至るまで、ずっと変わらずそのままで存在し続けたものであるとされてきました。

一言でいえば、進化という考え方など存在しなかったのです。

# 生きている間変化し続ける生物たち

生物は最初から、いまあるのと全く同じ姿や性質をしており、ずっと変わることがなかった。

これが進化論以前の考え方です。このような考え方が違和感を持たれなかったのはなぜでしょうか。

様々な理由が考えられますが、最もそれらしいのは、何十年という時間が経過しても「生物が変化していくようには見えない」という理由でしょう。

私は子どもの頃、東京の郊外に住んでいましたが、その頃は近所にまだ雑木林があり、クワガタやカブトムシを捕りに行ったものでした。

それから数十年が過ぎ、いまでは研究材料としてノコギリクワガタを使っていますが、私が子どもの頃と全く変わらない姿をしていますし、いつ、どこにいて、何をしているかといった生態的性質も変わりません。読者の皆さんも、ひいおじいさ

◆ノコギリクワガタ

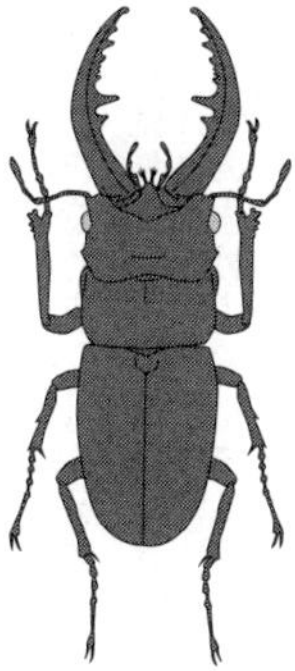

んが人間ではなかった、という人はいないでしょう（いたら申し訳ない）。
ノコギリクワガタは一年で成虫になるので、数十年間には数十世代の交代を繰り返しているはずですが、その姿も性質も変わっていないように見えるのです。ほとんどの生物が、数十年という時間の中では全く変わっていないように見えます。昔の人間の寿命は五十〜六十年だったので、これは一生変わらないというのと同じです。このような状況の中で、昔の人が「生物は時間とともに変化しない」と考えるのは自然なことだったでしょう。
まして、キリスト教の聖書では、地球が創造されたのはせいぜい数千年前のことであり、全ての生物はそのときに神によって作られたとされています。敬虔《けいけん》なキリスト教徒であれば、これを疑うのは神を疑うのと同じことですから、数十年の期間変わらない生物たちは、数千年前にも同じであったと考えても不思議ではありません。

こうして、進化論以前の生物観が形作られていったのでしょう。

現実には、ほとんど全ての生物が、ごく短い時間の中で変化していきます。それは「成長」あるいは「老化」と呼ばれる現象です。

十年前のあなたといまのあなたは違うでしょう？

写真を見れば「あの頃は若かったな」とか「まだ子どもだったな」と思うことでしょう。他の生物も同様です。鳥ならば、卵、ヒナ、若鳥、成鳥と育っていきますし、昆虫ならば、卵、幼虫、成虫というふうに成長します。

バクテリアですら、分裂した直後に分裂することはなく、ある程度大きくなってから分裂を始めます。生物はその一生の間に必ず成長するのです。つまり時間とともに変化する。

なぜ全ての生物が成長するのか？　分裂して増えるバクテリアなどならば、成長しないで分裂すると体がどんどん小さくなってしまうので成長が必要なのでしょう。

成長しないで小さな子どもを産むのならば大丈夫な気がしますが、生まれた子どもが大きくならずに繁殖するならば、やはり、体がどんどん小さくなってしまいますね。結局、親と同じ大きさの個体を再生産するときには、どこかのステージで必ず「成長」が必要になります。ですから、「生物は一生の間にどんどん変化していく存在」なのです。

にもかかわらず、生物は変化しないと長い間人々は信じてきました。

どうしてでしょう？　おそらく、私たちが知る全ての生物は、一生の間に変化しますが、生まれた子どもも親と同じように変化するので、「生涯」という単位で見ると親と子は違わないと見えるからでしょう。先ほどのノコギリクワガタの例では、数十年経ってもノコギリクワガタは昔と同じように卵から孵《かえ》り、幼虫として成長し、蛹《さなぎ》になって親虫になります。

人間、鳥、馬、魚。

私たちが知る全ての生物がこのような生涯を繰り返します。

だから昔の人は、生物は変わらない、種類の違いはあってもひとつの種類はずっと同じであり続ける、と信じ込んだのです。なぜならば、私たちが生きている間に別の種類になっていく生物など見たことがないからです。

一種類の生物が変わらずに存在し続けるならば、「論理的」に考えると、世界の全ての多様な生物は別個に誕生し、ずっとそのままの形で存在し続けたとする以外にありません。

生物を誕生させたのが神様だとすれば「創造説」になります。このように考えると、生物は変化せずにずっと昔から今のままだったという考え方は、観察事実と一致する合理性を持っていたともいえます。

科学の世界における「理論」は、観察事実によって否定されない限り、正しいものとして存在し続けます。

数十年の人間の生涯や記憶が伝わる二〜三世代の間、あるいは数百年前の記録などと照らし合わせても、ある種類の生物が「変化した」という観察はなされなかったため、生物は昔から今のままの姿や性質で存在していた、という仮説は生き続けたのです。

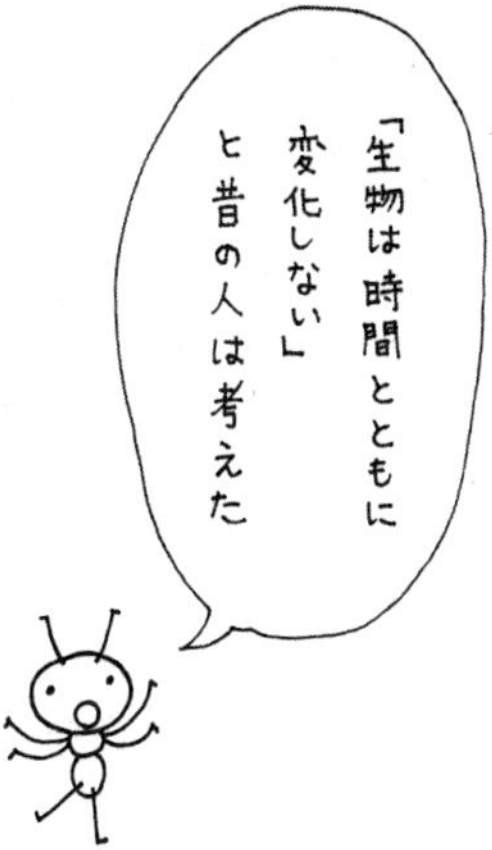
「生物は時間とともに
変化しない」
と昔の人は考えた

# 世代を超えて変わるのか？

しかし、世界のことが少しずつ明らかになるにつれ、「世界の始まりに様々な生物が作られ、その後ずっと変化しないできた」という仮説は、つじつまが合わない点がいろいろと出てきたのです。まず、「地球の歴史は聖書に書かれたものよりもずっと古いらしい」ということがわかってきました。

聖書では、地球が創造されてからいままでおよそ六千年とされていますが、地質学的な調査からは地球の成り立ちはそれよりもはるかに古く、数十億年の昔から、地層が積み重なってきたのではないかということがわかってきたのです。

また、その古い地層からは植物や魚などの化石が得られ、地層が新しくなるにつれ、爬虫類、鳥、哺乳類の順に化石が現れたのです。

それらの事実を整合的に説明しようとするならば、はるか昔から地球はあり、生物は単純なものから複雑なものへと変化してきたのだと考える必要があります。進化的思考の萌芽《ほうが》です。

しかし、「創造説」の側からの反論もありました。神はいまある形のままに世界をお作りになられたのだ、と。つまり、地球は数十億年の歴史を持つように見える形で数千年前に作られたのであり、化石生物は実際にはこの地球上で生きていたことはないのだと。このような反論は原理的に反証不可能です。したがって、この説が間違いであると証明することはできません。現在でも、「創造説」を信じる人々は同様に主張しており、現在の進化に基づく生物観を否定しています。

余談ですが、科学では「〜はない」ということを証明することはできません。「〜がある」という場合にのみ、それがあるということが証明されるだけなのです。例えば、イギリスのネス湖で目撃されたとされるネッシーの捜索は何度も行われていますが、見つかっていません。

しかし、「いないのではなく見つかっていないだけである」という可能性を否定することはできません。「〜はない」ということは科学で証明できないのです（〝〜〟には超能力、霊魂、ネッシー、ＳＴＡＰ細胞などお好きなものを入れてください）。

しかし、それでも、地球についての科学的知識が増えていくにつれて、「生物はもしかすると変化してきたのではないだろうか？」という疑問を持つ人が現れてきたのです。その前に立ちはだかったのは、私たちが知っている限り、別の生物へと変化していく生物が見当たらないという事実です。

先に挙げたノコギリクワガタの例のように、知る限りの生物は数十世代（場合によっては数百年）を経ても何も変わらないように見えるのです。

この「生物は世代を超えても変わらない」というのは、観察事実ですから否定することができません。その一方、化石として発見される生物は現在のものとは違っていました。

もし、化石生物がそのような化石として創造されたのではなく、昔はそういう形で生きていたとするならば、昔と現在の生物は違う形をしていることになります。つまり、生物は時間とともにその形を変えてきたということになるのです。

「創造説」は一旦おいて、「変化説」を科学として考えるならば「生物はどのようなメカニズムで世代を超えて変化するのか」を解き明かさなければなりません。

また、生物には適応現象がありますから、そのメカニズムは「適応がなぜ生じるのか」をも同時に説明できなければならないでしょう。進化学の歴史において、曲がりなりにもこのような条件を備えた仮説を初めて提示したのは、フランスの博物学者ジャン・ラマルクでした。

# ラマルクの用不用説

ラマルク（一七四四―一八二九）は、チャールズ・ダーウィン（一八〇九―一八八二）よりも少し前に活動した博物学者です。生物が時間とともに変化するメカニズムを考え、多様性と適応の進化を説明する学説を初めて公表した学者です。

その学説は「用不用説」と呼ばれます。少し前までの高校生物の教科書では、「用不用説」は最初の進化学説として登場していましたが、ダーウィンの「進化論」の正しさが明らかになるにつれて、いつの間にか取り扱われなくなりつつあります。

しかし、「進化論」の歴史を考えれば、ダーウィンに先んじて論理的に整合的な仮説を最初に提案した彼の「用不用説」の歴史上の意義が失われることはありません。

また、最新の生物学の知見からは、彼の「用不用説」が必ずしも誤ってはいない可能性が示唆されています。その点についてはまた後で述べることにします。

彼の学説はシンプルです。生物の個体は成長とともに変化することは明らかでした。ラマルクのアイデアのベースとなっているのは、成長に加えて、経験が生物の形や性質に影響を与えるという事実です。

例えば、体を鍛えた人は筋肉が発達してたくましい体になりますし、鍛えなかった人と比較すると「できること」も異なります。このように、後天的に獲得した形質が、何らかの形で子どもに伝わるとすれば、生物は世代を超えて変化していくことになります。

しかも、必要に応じて獲得した形質が伝わるのならば、ある環境で必要な形質は発達し伝わり、必要ではない形質は衰退して消えていくことになります。そうであれば、生物が住む環境に適応的な性質を備えている理由も理解できます。

――すなわち、そこで生きていくためにはその性質が必要だったので発達して子孫に伝わった。これが「用不用説」です。

「用不用説」は、生物が時間とともに変化して多様性を獲得していったこと、さらには様々な生物が適応を示すこと、の両方をきちんと説明しています。したがっ

◆ラマルクの「用不用説」

首の短いキリンは木の葉を食べようとして首が長くなった。

て、科学的に本当であるかどうかを確かめることのできる説明仮説として、科学的研究の対象となり得るのです。

ここが「創造説」とは大きく異なる点です。つまり、「用不用説」は科学的な仮説なのです。「用不用説」の「キモ」は、経験により獲得した形質（獲得形質）が果たして次世代に引き継がれるのかどうか、という点にあります。ここが成立すれば、「用不用説」は原理的に成り立つことになるからです。

しかし、運動により筋肉を発達させた動物を繁殖させても、その子どもは筋骨隆々にはならず、運動させなかった個体の子どもとの差はありませんでした。検証がいくつか行われましたが、どれも獲得形質の遺伝を支持しない結果となりました。

いくら論理的に筋が通っていても、事実がそれを裏付けない場合、その仮説が事実であると認めることはできません。ラマルクの「用不用説」は、科学的仮説としての正当性を認められなかったのです。

しかし、だからといってラマルクが「用不用説」を提出したことの科学史的な意義がなくなる訳ではありません。科学の歴史においては、様々な仮説が提出、検証されるなかで矛盾をきたさなかったものだけが生き残ります。

それまでの「生物は神により創造されてずっと変わらずにきた」という科学的検証が不可能な仮説に代わり、論理的に整合性があり、検証可能な科学的仮説としての「用不用説」を提出したラマルクの科学への貢献を忘れてはなりません。

また、「生物は進化しない」という考えを乗り越えて、生物の進化を科学の俎上《そじょう》にのせたという科学史的な意味も忘れてはならないでしょう。「進化論がどのように進化してきたのか」という観点からは、ラマルクの「用不用説」の提示は「初めての進化論」であり、進化学を追求するものにとって大きな出来事であったのです。

そして登場するのが、〝進化論の真打ち〟ダーウィンでした。

# ダーウィンの冒険とフィンチとゾウガメ

ダーウィンが真打ちである理由は、世界で初めて論理としても事実としても矛盾のない、生物の多様化と適応をもたらす機構を発見したからです。

ラマルクの「用不用説」は論理的にはあり得るのですが、残念ながら観察事実がそれを裏付けなかったため、科学の仮説として生き残ることはできなかったのです。

ダーウィンの仮説がどのようなものであり、どのようなプロセスを経て生み出されたのかは、この後の節で述べていきますが、それは現在に至るまで「適応進化を説明する唯一の仮説」として生き延びています。つまり、様々な観察事実が彼の説を支持しているということを意味します。

ダーウィンの仮説は、およそ二百年にわたって生き延びていますから、論理的に整合性があり、事実に合致する偉大な発見であったといえるでしょう。科学の歴史においては、アルベルト・アインシュタイン（一八七九－一九五五）の「相対性理論」と同じくらいに大きな発見です。

それはどのようにして生まれたのでしょうか。

ダーウィンは、一八〇九年にイギリスの裕福な家庭に生まれ、医者を目指して若き日を過ごしました。その過程で彼は生物に興味を持ち、様々な生物を観察したり調べたりするようになったのです。彼の、ものの捉え方に大きな影響を与えたとされる一冊の書物があります。それはチャールズ・ライエルという人の書いた『地質学原理』という本です。

その名の通り地質学の本ですが、山などの地形がどのように生じてくるのかという問題について論じた箇所があるのです。ライエルは、山や谷のあるデコボコした地形は一夜にして生じるのではなく、ごくゆっくりとした変化により、何百年もかけて少しずつ形成されるのだと考えました。

ゆっくりとした変化が、長い年月の末に大きな変化へとつながる。

ダーウィンはこのイメージを生物に置き換えていたのだと想像されます。

つまり、生物も少しずつ、長い時間をかけて変わるのではないか。私たちが生物は変わらないと考えているのは、生物が変わるには非常に長い時間がかかるので、短い時間では変わったと気づかないからである。『地質学原理』を読んだあと、ダーウィンの中には、このような考え方が育っていたのではないかと思われます。

そして、ダーウィンの運命を変える旅が待っていました。二十二歳のとき、船医と船長の話し相手を兼ねて、ビーグル号という船に乗り込み、探検の旅に同行することになったのです。

その旅で彼を待っていたのは、見たこともない様々な生物たちとの出合いでした。航海の途中で出合った生物たちは、ダーウィンに「生物は変わるのだ」という確信を抱かせ、その背後にある進化メカニズムを見いださせました。

ダーウィンの「進化論」に大きな影響を与えたとされているのが、ガラパゴス諸島で出合った二つの生物だったといわれています。

ひとつはダーウィンフィンチと呼ばれている小鳥、そしてもうひとつは巨大なガラパゴスゾウガメでした。ガラパゴス諸島はその名の通り、いくつかの島が集まった諸島です。中米のエクアドル沿岸から九〇〇キロメートルほどの海上にあり、本土からは遠くはなれています。

そのため、ガラパゴス諸島にいる生物たちは、何度も本土から渡ってきてそれぞれの島に住み着いたのではなく、諸島に一回だけ入ってきて、その後各島に分布を拡大していったと考えるのが自然です。ガラパゴスの様々な島を訪れたダーウィンが見たものは、それぞれの島の環境に合った形をしている生物たちでした。

フィンチはどの島にもいたのですが、微妙に形が違っていました。特に違いが大きかったのは嘴《くちばし》の形です。細長く尖《とが》った嘴のものがいる島から、太く短く、ペンチのような形をした嘴のものがいる島までありました（八八ページ図参照）。

細く尖った嘴を持つフィンチたちは、主に虫を食べていました。彼らは細く尖った嘴を上手に使い、木の穴の中に住む虫たちをつつきだし、ついばんでいたのです。一方、太く短い嘴を持つフィンチたちは木の実を食べていました。ペンチのような厚みのある嘴は、固い木の実をうまく割ることができるのです。また、それぞれの嘴を持つフィンチがいる島では、それぞれのフィンチが食べている食料の数が多いのでした。

以上の観察結果は、フィンチが、自分の住む環境に適した嘴を持っていることを示しています。しかし、それは「創造説」の否定にはつながりません。もしかすると、細い嘴のフィンチと、ペンチのような嘴のフィンチが、都合二回独立に島に飛んできたのかも知れません。

しかし、同じような現象は、体が重すぎて全く泳ぐことのできないゾウガメでも見られました。ゾウガメは甲長《こうちょう》が一メートル以上にもなる巨大なリクガメで、植物を食べています。

ゾウガメの場合、島による形の違いは甲羅の前縁で見られました。普通の草がたくさんあり、クビを高く伸ばす必要のない島では甲羅の前縁はえぐれておらず、ゾウガメは高くクビを上げることができない構造になっていました。

しかし、乾燥していて草があまり生えておらず、根元が木質化して固くなっているサボテン類をゾウガメが主に食べていた島では、甲羅の前縁が深くえぐれており、クビを上げて、高い所にある木質化していない部分を食べることができるようになっていたのです。

ここでも、ゾウガメは環境と絶妙に合う形質を備えていました。彼らは泳げない

◆ゾウガメの甲羅の前縁の違い

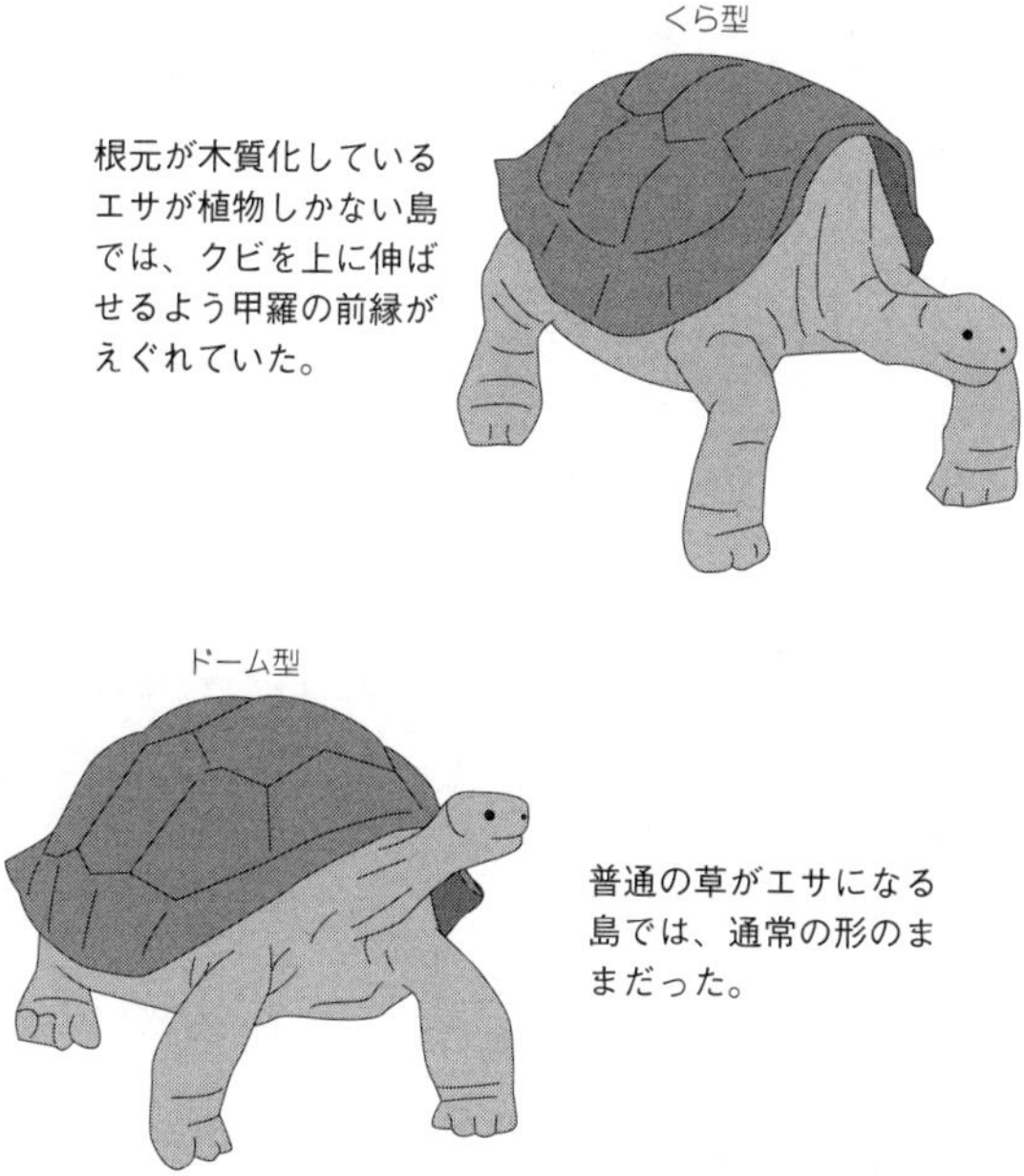
くら型
根元が木質化している
エサが植物しかない島
では、クビを上に伸ば
せるよう甲羅の前縁が
えぐれていた。
ドーム型
普通の草がエサになる
島では、通常の形のま
まだった。

ので、水に落ちると死んでしまいます。フィンチのように、別の形をしたものが複数回に及びそれぞれの島に入ってきたと考えることは難しいでしょう。それでは、島の間をどうやって渡ったのか？　想像ですが、海面が下がったときに陸伝いに歩いたか、あるいは倒木などに乗って海を渡ったのでしょう。

しかし、これらのことだけでは、いまでは常識として私たちが考えるように、生物が環境に適応して進化したとはいえません。

なぜならば、「神様がそのようにフィンチやゾウガメをお作りになられた」という説明でも、観察事実とは一致するからです。先にも述べましたが、「創造説」はどのような事実とも矛盾はしませんが、そうであるがゆえに、証拠を示して否定するということが原理的にはできない仮説なのです。

どのような観察事実を突きつけても、「神がそのようにお作りになったのだ」といえば、それで済むからです。証拠によって否定できないということは、実際には、科学の説明仮説として機能していないということです。真偽を判定することができないからです。まあ、このあたりは、現代物理学における宇宙の始まりに関する仮説でも似たようなところがあるので、微妙なところですが。

それはさておき、当時のほとんどの人たちは「創造説」を信じており、ダーウィンも当然その信仰の中で育ちました。

生物は変化する、ということ自体が認識されていなかったのですから、いまの私たちからすれば当たり前と思える進化の事実とその機構に関する仮説は、誰も知らない未知の世界だったのです。

たとえるならば、ダーウィンですら、深い井戸の底にいて、外が見えず、わずかに見える空の様子から外がどうなっているのかを知ろうとしていたようなものでした。

世の中にはごく少数ですが、誰も知らないことについて「こうではないか」と見抜ける才能を有する人がいます。ダーウィンは間違いなくそういう偉大な人物のひとりでした。

フィンチやゾウガメと出合ったビーグル号の旅が、ただちに彼の「進化論」につながった訳ではありませんが、その影響は確実に彼の中に蓄積していきました。

ライエルが『地質学原理』で論じたように、ダーウィンの進化思想は、ゆっくりと着実に積み重ねられて、「自然選択説」としてその姿を現すことになったのです。

# 自然選択の発見

ビーグル号の航海中、あるいはイギリスに帰った後の様々な生物の観察から、ダーウィンは、次第に生物は徐々に変化するのだという確信を持ちました。そのように考えれば、古い地層から新しい地層に向かって、徐々に発達した生物の化石が出土することについても説明できます。

しかし、どのようにして変化するのかを合理的に説明できなければ、進化のメカニズムを示す科学の仮説としては成り立ちません。ダーウィンがこの問題に答えるのに、大きな影響を与えたと考えられるのが品種改良でした。当時、イギリスの上流階級の間では、ハトを交配させ、特定の形質を持った個体を選抜していくことで、新しい形のハトを生み出すことが流行していました。

つまり、交配と選抜によって品種改良をしていく訳です。このようなことは、ハトだけで行われた訳ではなく、人間になじみ深いイヌでも様々な品種が作られていました。例えば、チワワとセントバーナードは同じイヌとは思えませんね。

日本でおなじみの金魚も、フナから品種改良されたものです。これらの例は、ある生物は交配と選抜を繰り返すことで特定の形質を作り出すことができる、つまり人為的な選抜を繰り返すことで元の形から他の形に変えることができる、ということを明らかに示しています。

このような品種改良の知識に基づいてダーウィンは考えました。品種改良では、人為的な選抜が生物の形の変化をもたらす。ならば、自然の中で生物が何かに選ばれて、形質が変化してもいいのではないか、と。

しかし、自然の中で生物が選抜されるなどということがあるのか？あるとすればどのように？

ダーウィンが答えなければならない最後の疑問でした。

数多くの生物を調べてきたダーウィンは、「生物がどのように生まれて育っていくか」に着目して、この難関を突破しました。生物は一個体だけで生きている訳ではありません。同じ種類の他の個体との間で交配することにより、子どもが生まれます。つまり、同じ形質を持つ「種」と呼ばれる集団として生活しているのです。

また、生まれる子どもはたくさんいますが、その全てが育つ訳ではありません。病気で死んだり、他の生物に食べられてしまったり、大人まで育つ個体はごく一部です。

そして、子どもの間には微妙な性質の違いがあります。これは動物や植物で考えるとわかりにくいかも知れませんが、人間の子どもが皆違う顔をしており、足の速さや力の強さなど、様々な個性を持っていることを考えれば、動植物でも同様であることがわかります。

もうおわかりですね？

たくさん生まれた微妙に違う子どもたちのうち、ごく一部の個体しか生き残らないため、生物は成長過程において、その環境でうまく生き延びられるような性質を持ったものが選ばれている――「自然選択」の発見です。

これまでのポイントをまとめましょう。

生物には交配することのできる同種の個体がたくさんいます。そしてたくさん生まれる子どものうち、大人になるまで生き残ることのできる個体はごく一部です。

生まれた子どもの中で、他の個体よりも現在の環境に適した個体がいれば、その個体は生き残りやすいでしょう。つまり、平均的に見て、より環境に適応した個体のみが生き残るというわけです。

多くの子どもの中でごく一部の個体しか生き残らないため、生物の間には生き残りをかけた競争があります。これを「生存競争」と呼んでいます。「生存競争」が繰り返されれば、品種改良と全く同じ原理で「その環境に適した性質を持った個体」が増えていきます。生物の平均的な性質は徐々に変化して、より環境に適応した形になる。これが、ダーウィンの考えた「自然選択説」の骨子です。

あ、まだひとつ残っていました。

ラマルクの「用不用説」がダメだしをされたのは、親が経験によって獲得した性質は子どもに伝わらないからでした。ダーウィンの「自然選択説」でも、選ばれた性質が子どもに伝わらないのであれば、それがいかに有利な性質でも、次世代には集団から消えてしまいます。つまり、生物が変化していくことにはなりません。

賢明なダーウィンはもちろんそれを知っていましたから、ちゃんと答えを用意しています。

当時、遺伝の仕組みはわかっていませんでしたが、人間では、子は生まれつき親によく似ています。この事実から、形質の遺伝はあり、そのように遺伝する性質だけが「自然選択」により、適応進化したのだとダーウィンは考えたのです。

この、緻密に構成された論理の構造こそ、ダーウィンという人物の性格と偉大さをよくあらわしていると私は思います。少しずつ、順を追って徐々に論理を組み立てることで、生物に関する人間の理解を劇的に変える、大きな山脈が姿を現したのです。

セントバーナードです
チワワです
たしかに同じイヌには見えない

## 神の不在――『種の起源』の発表と反響

しかし、ダーウィンはこの説をなかなか発表しませんでした。様々な推察がありますが、「自然選択説による進化仮説では神の存在が必要ないから」というのがひとつの理由でしょう。

ほとんどの人が「創造説」を信じている社会において、原理的に神の存在を必要としない仮説を「仮説のまま」に発表することはとても危険でした。さすがに、「地動説」を唱えて宗教裁判にかけられたガリレオ・ガリレイ（一五六四―一六四二）のようなことはなかったでしょうが、証拠もなく発表すれば、神をも恐れぬ異端の者というレッテルを貼られ、不利益になることもあり得たからです。

慎重な性格だったダーウィンは、さらに様々な生物の観察事実が、自分の「自然選択説」と矛盾しないかどうかを検討し続けました。もちろん、完全に秘密にしていた訳ではありません。親しい科学者にはアイデアを打ち明け、議論をしていたようです。

そうこうするうちに年月はどんどん過ぎ去り、ダーウィンが五十八歳になろうとしていた時、大変な知らせが彼の元に寄せられました。

イギリスの科学雑誌に、アルフレッド・ウォレスという若き探検家が「自然選択説」と同じアイデアの論文を投稿してきたというのです。ダーウィンと親しくしていた科学者が教えたようですが、何十年も慎重に検討を重ねていたダーウィンも、さすがに重い腰を上げざるを得なくなりました。

自然選択のアイデアをウォレスとの共同論文として、一八五八年にリンネ協会で発表します。また、「自然選択説」は『種の起源』という名の書物として、一八五九年に公表されることとなったのです。

このエピソードは、現代の基準から見ると少々ずるく思えます。科学の世界では、最初に論文を書いた人が発見者である、とされるからです。そのルールを厳密に適用するならば、自然選択の発見者はダーウィンではなく、ウォレスだったということになります。この一例をもって、ダーウィンはウォレスの業績を盗んだという人もいます。しかし、両者はこの件に関して何度も意見を交わしており、ウォレスは納得していたといいます。

また、ダーウィンがウォレスと異なるのは、実に膨大な種類の生物の観察を通して、「自然選択説」が、どれだけ現実を説明できるかを緻密に検証していた点でした。そのため、『種の起源』は大変説得力に富んだ、ダーウィン進化思想の集大成ともいうべき内容となったのです。

ダーウィンは自分の仮説を支持する事実だけではなく、「自然選択説」では説明できないかも知れない例も示していました。例えば、アリやハチの仲間は、女王だけが卵を産み、働きアリや働きバチは卵を産みません。「自然選択説」の観点からは、子どもを産まずに働くという性質がどうやって次の世代に伝わるか説明できません。科学者であっても、自分の説に都合の悪い事実には目をつむりがちですが、ダーウィンはこの事実を正直に認め、『種の起源』において、ハチやアリの存在は自分の「自然選択説」で説明できないかも知れないと述べています。

ダーウィンの姿勢とその著書の内容は、「自然選択説」を認知させるのに十分なものでした。後に、ウォレス自身が、ダーウィンこそが「自然選択説」の提唱者としてふさわしい、と述べたそうです。

ちなみに、現代の進化理論では、ハチやアリの場合、働きアリや働きバチ（＝ワーカー）は女王の子どもなので、卵を産まずに働くという性質を司《つかさど》る遺伝子が女王の中にもあり、女王を通して次世代に受け継がれるのだと考えられています。いわば、血縁者を経由した自然選択により説明されるのです。

ともあれ、『種の起源』は大ヒットしました。なにしろ、ダーウィンの「進化論」では、神の存在なしに、生物の多様性と適応が説明できるのです。科学の世界ではダーウィンの明晰《めいせき》な論理はすぐに認められましたが、一般の人々の間では半信半疑でした。

特に教会関係者からは大変評判が悪く、『種の起源』は神を冒瀆《ぼうとく》するスキャンダルとして扱われたのです。神によって作られた生物の最高位としての人間、という教会の教えとは全く異なる生物観を示していたのですから。ダーウィンの説が正しければ、人間ですら、おそらくサルが変化してできてきたことになり、特別な存在ではなくなります。

このことに対する心理的な拒絶は大きく、当時の新聞には、サルの体にダーウィンの顔をのせた「進化論」を揶揄《やゆ》する風刺画が載せられたりもしています。そのような状況のなか、なんとかしたい教会は進化論批判を繰り広げ、ついに、教会と進化論者が直接対決する時がやってきたのです。

大勢の聴衆で満員になった会場に、教会代表として大司教ウィルバーフォースが登場しました。彼はおおよそ次のようなことを言ったとされています。「皆さん、進化論に基づけば、私たちはあの醜《みにく》いサルの子孫だということになるのです。このような話を認めることができますか？　いいえ、認められないでしょう」。

当時、ダーウィンは病気がちだったので、進化論者代表として、ダーウィンの友人で「ダーウィンのブルドッグ（番犬）」と呼ばれたジュリアン・ハクスリーが登場しました。ハクスリーは「なるほど。しかし、論理的に考えて完全に納得できる話を信じられないと否定するような頭の固い人間であるよりは、私は論理を認めることのできる醜いサルの子孫であるほうがなんぼかましだ」という意味のことを言いました。

普段、高慢ちきに説教ばかりしている教会にうんざりしていた聴衆は、ハクスリーに大喝采。この話はたちまち大衆に広まり、ダーウィンの「進化論」は社会に受け入れられていったのです。

# Part Ⅱ

# 進化論の現在

Watson
Crick

# 遺伝の発見

ダーウィンの「自然選択説」は、様々な生物現象をうまく説明することができました。しかし、それは単に「そのような方向への変化が見られる」という予測（定性的な予測）にすぎません。ある理論を、科学的に厳密に検証するためには、ある力が働くと、どのくらいの変化がどの方向に起きるのかという予測（定量的な予測）が立てられること、また、その予測と観察事実が一致するかどうかという検証が必要になります。

その意味で、ダーウィンの時代の「進化論」は、まだまだ未熟な理論にすぎなかったともいえます。定量的な予測をするために必要な条件がまだ発見されていなかったからです。

自然選択による適応進化に必要な要因を見ると、次の三つの要素であることがわかります。

一．進化する形質は親から子へと伝わる（遺伝）

二．遺伝する形質には個体間で違いがある（変異）

三．その違いに応じて、生き残りやすさや子どもの残しやすさに差がある（選択）

この三つの要素が全て揃うと、適応進化は自動的に進みます。とりわけ、「遺伝」は進化が起こるための絶対条件です。

しかし、ダーウィンの時代には、子が親に似ることから、遺伝現象はあると推測されていましたが、そのメカニズムはわかっていなかったのです。

ある条件のもとで、一世代でどのくらい進化が進むか（形質が変化するか）は、遺伝の強さと選択の強さに影響されます。子どもは親とどのくらい似ているのかという量と、ある形質を持つ個体がどのくらい子どもを残しやすいのかという量に応じて、一世代で形質がどのくらい変化するかが決まるからです。

もし、子どもに、その形質の量のほとんどが伝わらなければ、強い選択があっても、形質はほとんど変化しないからです。進化という現象を、形質の量的な変化として記述し、それが理論通りに起こっているかを調べるためには、変化量を予測する必要があります。そのためには、「遺伝の法則」の発見を待たなければなりませんでした。

そして、「遺伝の法則」はメンデル（一八二二—一八八四）によってもたらされました。牧師であったメンデルは、エンドウ豆を交配し、様々な形質がどのように遺伝するかを調べることにより、有名な「メンデルの法則」を発見したのです。それは次のようなものでした。

一．**分離の法則**：形質は一匹の個体が持つ二つの遺伝要素の上にあり、配偶子（卵子や精子）ができるときに、ひとつずつ配偶子に入る。

例えば、「しわがない」×「しわがある」の組み合わせ（ヘテロ接合体という）の親からは、「しわがない」を持つ配偶子と「しわがある」を持つ配偶子が１：１でできてくる。

二．**優性の法則**：しわがない—しわがある、のような、同じ形態上に現れる異なる形質が交配されて組みになると、子どもに現れる形質（優性）と、隠されてしまう形質（劣性）がある。

例えば、「しわがない」と「しわがある」が組み合わせになると、その個体の形質は「しわがない」になる。

三．**独立の法則**：異なる形態を支配する遺伝要因は、互いに独立に配偶子に伝わる。

例えば、「しわがない」×「しわがある」の組み合わせの親からは、「しわがない」を持った配偶子と「しわがある」を持った配偶子が1：1できるが、「花が赤」と「花が白」の形質の遺伝因子はその比率に引きずられない。

すなわち、「しわがない」「しわがある」の遺伝因子を持つうちのそれぞれ半分が赤を持ち、残り半分が白を持つ、ということです。結果として、「しわがない、ピンク」：「しわがない、赤」：「しわがある、赤」：「しわがある、白」が、1：1：1：1でできる。

メンデルは綿密な解析から、形質を支配する遺伝因子はある形質につき一組（二つ）あり、配偶子になるときにそのうちのひとつが伝わる、という基本システムを発見しました。この基本システムが「メンデルの三法則」をもたらすのです。喜び

◆メンデルの法則（エンドウ豆の例）

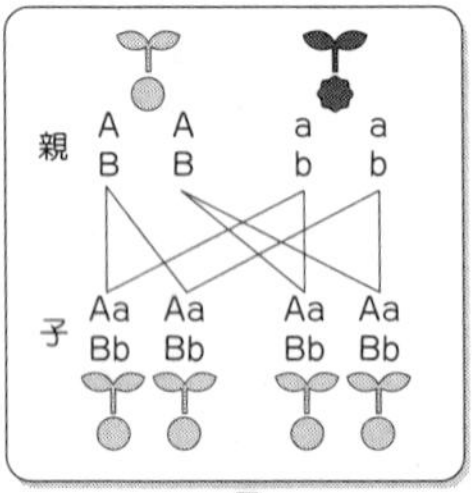


| 母＼父 | AB | AB |
|---|---|---|
| ab | Aa Bb | Aa Bb |
| ab | Aa Bb | Aa Bb |

すべて

AaBb

黄色の子葉　まるい種子

子同士をかけ合わせる

**AaBbとAaBb**

| 母＼父 | AB | Ab | aB | ab |
|---|---|---|---|---|
| AB | AABB | AABb | AaBB | AaBb |
| Ab | AABb | AAbb | AaBb | Aabb |
| aB | AaBB | AaBb | aaBB | aaBb |
| ab | AaBb | Aabb | aaBb | aabb |

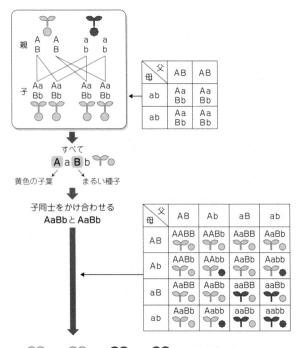

勇んで、メンデルは結果を論文にまとめ、雑誌に送りました。

しかし、彼の業績が認められることはありませんでした。少なくとも彼が生きているうちには。メンデルの論文はあまり注目されず、彼が失意のうちに亡くなるまで日の目を見ることはありませんでした。

メンデルの死後、一九〇〇年になり全く独立に三組の研究グループが「メンデルの法則」を再発見しました。彼らの報告が出た後、メンデルの論文はようやくその価値を見いだされ、評価される日が来たのです。

いまでは、メンデルの法則はどの生物の教科書にも出てくる、生物学の基本のひとつになりました。

メンデルが発見した遺伝の原理は、全ての生物に当てはまる訳ではありません。人間を含む「二倍体生物」と呼ばれる、頭の先から足の先までの生物を作り出す遺伝情報（ゲノム）を二組持っている生物においてのみ成り立つ話です。

多くの生物は二倍体ですが、二倍体生物の個体は、二つのゲノムのうちひとつだけを卵子や精子に伝えます。そして、卵子と精子が合体することで再び二倍体の個体へと戻るのです。

さて、メンデルの発見により、「自然選択説」に必須の遺伝メカニズムが明らかになりました。生物の様々な形質は、それぞれ、子どもへと伝わる遺伝因子（＝遺伝子）によって担《にな》われており、遺伝子が支配する形質に自然選択が働くことで、その形質は進化すると考えることができるようになりました。

また、遺伝子がどのような組み合わせになったとき、どのような形質が現れるかを知ることで、遺伝子の組み合わせ（遺伝子型）と、それにより現れる形質（表現型）の関係が調べられるようになりました。

優性の法則では、異なる遺伝子が組みになっているときには、どちらかの遺伝子の形質が全面的に現れることになっていますが、実際には中間的な性質が生じることもあります。

例えばエンドウ豆では、「花が赤」と「花が白」の遺伝子が組み合わせになると、ピンク色の花になります。自然選択は、ある形質を持つ個体がどの程度子どもを残しやすいかということに応じて働くので、異なる形質をあらわす遺伝子が選択されたと考えることができます。

遺伝のメカニズムが明らかになったことにより、一世代あたりどのくらいの進化が進むのかということを、遺伝子頻度の変化として捉えることが可能になりました。遺伝子頻度とは交配集団中の全遺伝子の中の、問題になっている遺伝子（例えば赤い花）の割合を示します。半分が赤い花の遺伝子なら遺伝子頻度は〇・五です。

このような考え方は「集団遺伝学」と呼ばれます。「集団遺伝学」により、遺伝の法則と自然選択に基づいた遺伝子頻度の変化として、進化を捉えることができるようになりました。

しかし、まだわからないことがあります。

遺伝子がずっと変化しないとしたら、集団中に変異は生じません。つまり、進化の三条件のひとつである「変異」が存在しないので、進化が起こらないことになってしまいます。

変異はどこから来るのか？

どのように生じるのか？

この謎を解くためには、遺伝子の正体を明らかにする必要がありました。

# 遺伝子の正体

　メンデルにより、生物の形質は、何らかの遺伝因子とともに子どもに伝わっていくことが明らかになりました。次の大きな問題は、「この遺伝子の正体は何か」ということです。

「自然選択説」によれば、選択を受ける集団の中には様々な形質の個体が存在することになっています（＝変異）。それでは、この変異はどのように集団の中に生じるのか。少し考えればわかりますが、自然選択は集団の中の特定の個体（環境に適した個体）のみが子孫を残すのですから、変異はどんどん少なくなっていくはずです。

　それでは、いずれ変異はなくなり、進化は止まってしまうのでしょうか。

　このような問題に答えるためには、遺伝子とは何であり、どのようなメカニズムで変異が生じるのかを知らなければなりません。

また、遺伝子は何でできているのか、遺伝情報がどのような仕組みで子どもに伝わっていくのか、という、生物学の大きな問題について、多くの生物学者がしのぎを削り、その解明に挑戦しました。

答えは、ウィルスを使った実験からもたらされました。

ウィルスは細胞に取り付き、細胞内で自分の複製を大量に作り出す存在です。核酸（ＤＮＡまたはＲＮＡ）が、タンパク質の壁に包まれた構造をしており、代謝系を持たないため、自分自身で自分を再生産することはできません。そのため、生物であるかどうかについては、議論が分かれています。

ウィルスに感染した細胞はウィルスを大量に複製して壊れてしまいます。ウィルスは自己複製するために、ウィルスの遺伝子が細胞の代謝系を利用するのだと考えられます。ウィルスは核酸とタンパク質だけからできているので、遺伝子の正体の可能性は三つです。

一．核酸
二．タンパク質

三　両方

アメリカの微生物学者アルフレッド・ハーシーとマーサ・チェイスは巧妙な実験によって検証しました。タンパク質には「イオウ（S）」が存在しますが、核酸にはありません。そこで、ウィルスのタンパク質を放射性の「イオウ（S）」で標識し、一方核酸は放射性のリン酸で標識します。そして、細胞にウィルスを感染させて、その培養液を遠心分離しました。

細胞はウィルスに比べてはるかに大きく重いので、すぐに沈澱《ちんでん》します。しかしウィルスは軽いためになかなか沈澱しません。遠心分離の強さを調節すると、細胞とウィルスを分離することができるのです。

沈澱した細胞にどちらの放射性物質が含まれているかを分析すれば、遺伝子として細胞内に送り込まれるのはどちらか（あるいは両方であるか）を知ることができるのです。

その結果、感染した細胞に取り込まれたのはＤＮＡでした。「遺伝子はＤＮＡであること」が見事に証明されたのです。説明すれば簡単ですが、何もないところから、このことを考えて実行するのはなかなか大変だったでしょう。

高校の生物の教科書には、こうした事実が数多く書かれています。しかし、優秀な科学者を教育により作り出すためには、あるいは科学を好きになってもらうためには、偉大な成果を残した人たちが、「どのような過程をたどってその実験を実現したか」を知らせることが必要なのではないでしょうか。その意味で日本の教科書は無味乾燥ですね。

ともあれ、遺伝子の正体はDNAであることがわかりました。次なる目標は、DNAはどのような構造をしており、どこにどのように遺伝情報が書かれているか、を明らかにすることです。

もちろん、この課題にも多くの科学者がしのぎを削り挑戦しました。当時、物質の構造を決定するために使われていた方法は、構造を決めたい物質に放射線を当て、跳ね返った放射線の影をX線フィルムで捉え、その映像を解析する、というものでした。

この手法では、よい写真を撮ることが重要です。撮り方の悪い写真からは正確な構造を推定できないからです。当時この分野でしのぎを削っていたのが、アメリカのジェームズ・ワトソンとイギリスのロザリンド・フランクリンの二人でした。

特にフランクリンは写真撮影の技術に優《すぐ》れていたといわれています。しかし、彼女は変わった人で、あまり他人から好かれていなかったともいわれています。ある日、アイデアに行き詰まったワトソンはフランクリンの研究所を訪ねました。このときワトソンは、DNAは長くつながった鎖が三本絡《から》まった「三重鎖構造」をしているのではないかと考えていたようです。

フランクリンは留守でした。ワトソンはそこにいたフランクリンの同僚に、彼女の撮った写真を見せて欲しいと頼んだそうです。普通ならライバルの研究者に写真を見せるようなことはしないものですが、彼女のことをあまりよく思っていなかった同僚が、「ほらこれだよ」と机の上にあった写真をワトソンにかざしてみせたのです。

ワトソンはそれをきっと見つめ、写真が戻されるとものも言わずにきびすを返し、いま見たイメージをノートに書き付けたといいます。ほどなくして、DNAの構造を報告する短い論文が、ワトソンとイギリスのフランシス・クリックの連名で著名な科学雑誌「Nature」に発表されました。一九五三年のことです。

◆ＤＮＡの構造（二重鎖とATGC）

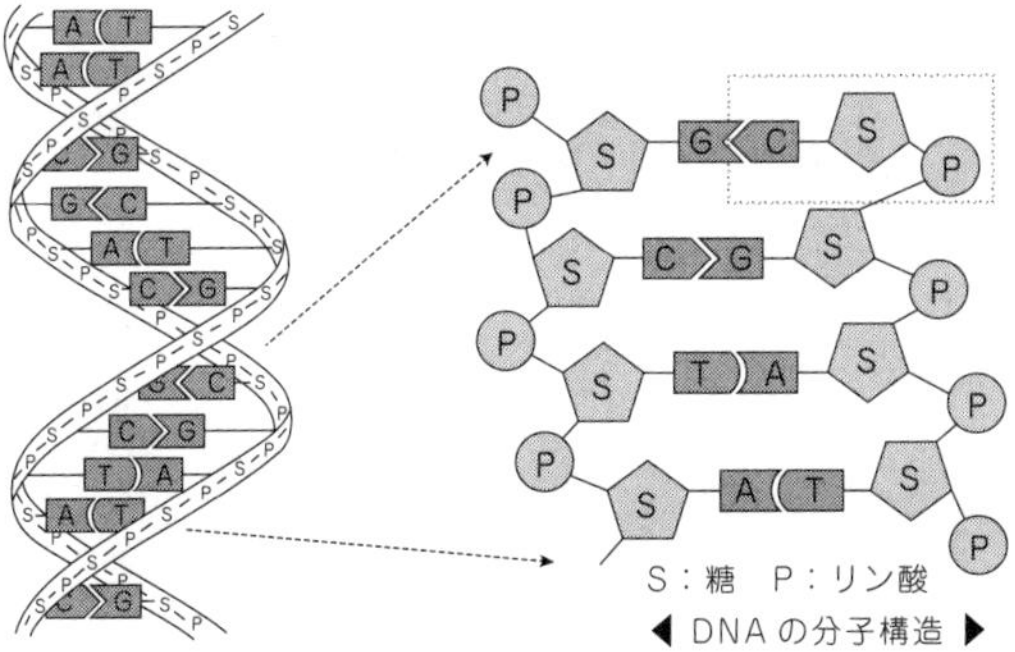

◀ DNAの分子構造 ▶

こうして、ＤＮＡは二重鎖であり、片側の鎖に、アデニン（Ａ）、チミン（Ｔ）、グアニン（Ｇ）、シトシン（Ｃ）の四つの塩基が並び、反対側の鎖には「ＡにはＴ」が、「ＧにはＣ」が対になるように並んだ構造であることがわかりました。

おそらく遺伝情報は、この塩基の並び方によって記述されていると考えられました。

ワトソンとクリックは、この業績によりノーベル賞を受賞しましたが、前述の経緯から、フランクリンの業績が盗まれたのだと主張する人もいます。真実はわかりませんが、このような人間模様の絡んだエピソードは、科学を身近なものとして感じさせるものでしょう。

ちなみに、二〇一四年にワトソンはノーベル賞のメダルを競売にかけました。その落札価格はおよそ五億七〇〇〇万円（当時）だったそうです。

最後に残った謎は、四つの塩基の並び方がどのように遺伝情報を決めているのか、です。

先述のように、DNAは片側に「A、T、G、C」の四つの塩基が長くつながった鎖からできており、二本の鎖が逆向きに向かい合った構造をしています。両側の鎖は、Aに対してはTが、Cに対してはGが向かい合うような組みになっています。これを「相補的」といいますが、要するに「両側の鎖には同じ情報が保存されている」ということです。例えば、片側の鎖が「AGCTGCTA」なら、反対側の鎖は「TCGACGAT」になっており、同じ情報が相補的な形で保存されているという訳です。

遺伝子の正体がDNAであることは、すでに証明されましたから、この塩基の並びが遺伝情報をあらわしているはずです。ところで、生物の体の中で代謝などの化学反応をコントロールしている物質はタンパク質でできた酵素であることがわかっていました。酵素が化学反応の速度を調節することで、体内の様々な物質が作り出され、生命活動が営まれるのです。

タンパク質は二〇種類のアミノ酸が鎖状につながった構造をしています。DNAの塩基は四種類ですから、一つの塩基が一つのアミノ酸を指定しているのならば、四種類のアミノ酸しか指定できません。二つの塩基が一つのアミノ酸を指定しているならば、「四×四」の一六種類のアミノ酸が限度です。実際には二〇種類のアミノ酸が使われているので、最低でも三つの塩基の組みがひとつのアミノ酸を指定していると考えられます。

そこで、ある塩基の並びのDNAを人工的に合成し、それからタンパク質を合成させることで、遺伝情報がどのように保存されているのかを調べる実験が行われました。例えば、「AAAAAAAAA」という並びのDNAからタンパク質を作らせると、「フェニルアラニン―フェニルアラニン―フェニルアラニン」というアミノ酸の並びが見られました。

そこで、「AATAATAAT」にしてみると、「ロイシン―ロイシン―ロイシン」になり、「AAATAAATAAATAAAT」にしてみると、「フェニルアラニン―イソロイシン―チロシン―ロイシン―フェニルアラニン―（繰り返し）」という並びになったのです。

つまり、一つのアミノ酸が三つの塩基の組み（コドン）によって指定されていることを示しているのがわかりますね。

こうして謎は解けました。

四種類の塩基三つの組みは、全部で四×四×四＝六四通りあります。その全てについて、どのアミノ酸を指定しているのかが調べられました。結果、アミノ酸鎖への読み出しの開始を指定するコドンと、読み取りを停止するコドンもあることがわかりました。

こうして、進化をもたらす遺伝の謎が解けたのです。遺伝を司る物質はDNAであり、その中にある塩基の並びがアミノ酸の並び、ひいては形質のあり方を決めているのです。これが遺伝子であり、DNA中の塩基の並び方の差が、個体間の形質の差を生み出し、その違いに自然選択が働けば、適応進化が起こるはずです。

自然の中で進化が進むためには、もうひとつクリアにならなければならない点があります。

自然選択によって特定の遺伝子型のみになっていくならば、進化は止まってしまいます。進化が続くためには、集団の中に新たな遺伝的変異が常に供給され続けなければなりません。また、その変異はDNAの塩基配列の上に生じるモノであるはずです。

それでは、形質の個体差をもたらす遺伝子の変異はどのようなメカニズムで生じるのでしょうか？　これが明らかになれば、自然の中で進化がずっと続くことを科学として説明できるはずです。

特定の種類の生物の中に遺伝する変異が生じることは、ショウジョウバエに放射線を照射する研究から明らかになりました。

ショウジョウバエに放射線を当てると、いままでになかった形質を持つ子どもが高い確率で生まれ、その形質は遺伝します。普通にショウジョウバエを飼い続けていても、そのような変異が現れる確率はごく低いのですが、放射線を当てると出現率が格段に高まるのです。

このような変異は遺伝の仕組みを調べるのに役立つため、様々な形質を持つショウジョウバエが作られ、研究されてきました。翅《はね》が縮れているもの。眼が白いもの。眼がないもの。足が八本あるものなど、様々なものが現れましたが、これらは「突然変異」と呼ばれたのです。

「突然変異」を生じさせる仕組みは、徐々に明らかになりました。その多くは「点突然変異」と呼ばれるもので、タンパク質を構成するアミノ酸を指定しているコドンの三つの塩基のうち、ひとつの塩基が違うものに変化することで、アミノ酸の種類が別のものになり、形質が変化するのです。

DNAは、細胞が分裂するときに二重鎖がほどけ、それぞれの鎖の塩基配列を鋳《い》型《がた》にして、元の二重鎖と同じものが複製されます。こうして二本になったゲノムがそれぞれの細胞に組み込まれ、元と同じ細胞ができていくのです。

このときに、鋳型の塩基に対応していない誤った塩基が鎖に取り込まれてしまうと、その次に複製されるときには誤った相補的な塩基が取り込まれてしまうので、元のDNAの塩基配列とは異なる配列が固定されます。

つまり、一種のミスコピーが起こり、突然変異が生じるのです。

DNAの構造が判明し、複製の仕組みが明らかになったことで、進化に必要な変異がどのように生じてくるのかも次第に明らかになってきました。タンパク質のアミノ酸配列が変化すると、酵素や形質の素材としてのタンパク質の働きが微妙に変化するため、作り出している形質がいままでのものと異なるものへと変化するはずです。

コドン上に起こった塩基置換は、子どもに引き継がれていきますから、「遺伝する変異」を必要とする進化の三条件のひとつを満たします。また、自然の状態でも、ごく低い確率ではありますが、このような遺伝的な背景を持った突然変異が生じます。

このように、DNA上に生じた突然変異がもたらす形質の変異体の間に自然選択が働き、進化が起こる。そして、変異体は常に供給され続けるため、進化が終わることはなく、いつまでも進化は続く。このような進化についての考え方の基本形が完成したのです。

# 「総合説」の誕生

ラマルクが、進化が起こることを唱え、ダーウィンがそのメカニズムを明らかにしてからどれくらいの時が経ったのでしょう。

遺伝の仕組みと遺伝子の正体、そして遺伝子の複製の仕組みの上で、変異が生じる機構が明らかになり、「進化論」はこれらを組み合わせた形で新たなステージへと変貌しました。

「総合説」の誕生です。ダーウィンの進化学説では不明であった遺伝のシステムの知見を取り込み、進化論をリニューアルさせたものです。

その内容は、進化の三原則を新しい知見で裏付けたものになっています。

具体的には、

一．DNAからできた遺伝子が子どもに伝わり、その上に書かれた遺伝情報が形質を発現させることにより形質が遺伝する（＝遺伝）

二．ＤＮＡの複製時に塩基の取り込みに間違いが起こり、塩基配列が変化することで、合成されるアミノ酸鎖の配列が変化して、形質の現れ方が親と異なるものになる（＝変異）

三．生じた変異体の間で、次世代に残すＤＮＡの複製コピー数に差が生じ、その多いものが進化していく（＝選択）

というものです。

一言でいえば、進化の全ての過程を、ＤＮＡからできた遺伝子の挙動に還元して理解しようとする態度といえるでしょう。

科学とは「できるだけシンプルで、よけいな仮定（アドホックな仮定）のない説明がよりよい説明である」という思想であり、これは「最節約原理」と呼ばれる、科学を貫く大原則です。

「最節約原理」の観点から見ると、ＤＮＡの挙動だけで進化を記述できる「総合説」は、科学者にとって大変受け入れやすいものだったといえるでしょう。

また、「生気論」と呼ばれる「生物には特別な本質があり、それが進化すべくして進化する（目的を持って進化する）」という一種の本質論と比べても、「本質というアドホックな仮定」を置く必要のない「総合説」は、科学的な説明として優れていました。

ちょっと寄り道になりますが、「本質論」は、人間が物事を科学的に考える上で避けて通れない問題です。先程の例で見たように、もし、生物に世代を超えた何らかの本質というものがあり、変化すべくして変化するのだとするのならば、それは説明といえるのでしょうか。

いいえ、何も説明していることにはなりません。

これでは、「神の力により全てが決められている」ということと何も変わりません。「神」という言葉の代わりに「本質」という言葉が入っているだけです。

科学的な説明とは、このような神秘の力なしに、現象がどのようにして、そしてなぜ起こるのかを明らかにする思想です。したがって、問題を「本質」に投げてしまうことは科学思考の放棄です。

しかし、人間は本質論が好きです。愛しているといってもいいでしょう。

個々の生物の中にはそれを成立させている本質がある。

「生物」という言葉に違和感があるのなら、それを「個々の人間」に置き換えると、ほとんどの人が納得するのではないでしょうか。

しかし、「個々の人間」といっても、刺激に反応するパターンが人により異なるだけかも知れません。人間の脳はとても複雑ですし、経験によってもパターンが変わります。

私たちは、そのような反応の多様性を「人格」と呼んでいるだけかも知れません。いや、人間ではない機械でさえも、そのような個性は持ち合わせています。車を運転する人はわかるでしょうが、同じ車種でも異なる癖を持っていますし、最近では、掃除ロボットに、所有する家の子どもが特別な愛着を持ち、買い替えができなくなる、という話も聞きました。

多くの機械もたくさんの部品でできていますから、その細かい違いの組み合わせが、個性をもたらすのでしょう。人間は、個性の裏にはそれを成立させている本質があると思うのです。

このような「本質論」を拡張して、イヌやヒトのような「種」には、やはり本質があり、「種」が「種」であることを保証している。言い換えれば「種」には実体があるという考え方もあります。というより、現在でも学者ですら、このように考えている人は多いでしょう。

ダーウィンはこのような「本質論」を信奉する当時の分類学者と、「種とは何か」について激しく論争をかわしています。

ダーウィンは「種」という実体が存在するのではなく、その中の個体に自然選択がかかることで新しい「種」ができるのだと考えていました。つまり「本質論」を否定し、「種」の本質である神秘的な力など何もないという主張です。そのため、当時の分類学者とダーウィンは激しく対立しました。

ダーウィンが「進化論」を展開した本は『種の起源』というタイトルですが、面白いことに、その中に「種とは何か」というテーマは全く登場しないのです。

このように「本質論」は、人間に親しみやすい思考です。これは私の推論ですが、おそらく、人間は人間になる以前から仲間と群れで暮らす生活をしており、その中で仲間の行動パターンを「人格」として把握して、対応する行動パターンをとることが生存に有利であったという局面があったのではないでしょうか。そのために、人間は本質的思考をするのでしょう。

いまの推論は、科学的な仮説であり検証することもできます。例えば、集合性をもって互いにコミュニケーションしている動物とそうでない動物で、個性の背後に本質を想定するかしないかを比較すればよいでしょう。もし、集合性の動物だけが「本質論」を採る、あるいはしやすいのならば、本質主義は、集合性とともに進化してきた性質ということになるでしょうから。

科学的な思考は、その誕生から常に「本質論」と戦ってきたのです。日本では信じられないことかも知れませんが、アメリカではいまだに「創造説」を信じる人が多く、「創造説と戦う方法」といったような科学者向けの本が出ているくらいです。

そういった社会で、本質論とは無縁の形で、しかも物質的な根拠をもって進化を説明する「総合説」は、科学的思考をする多くの人たちに受け入れられたのだと考えられます。

そのため、「総合説」は瞬く間に「進化論」の主流に躍り出ました。「総合説にあらずんば進化論にあらず」という扱いになったのです。

## 論点I――連続と不連続

「進化論」の決定版として華々しく登場した「総合説」ですが、もちろん多くの批判も寄せられました。まず、第一の論点は進化の連続性に関するものでした。この点については少々補足しておく必要があると思います。

ダーウィンが、地質学者であるライエルの思想に影響を受けていたことはすでに話しました。地形は何百年何千年何万年という時間をかけて少しずつ変化が進み、ついには深い谷、高い山といった雄大な地形ができあがります。

ローマは一日にして成らず。このような、少しずつの変化が長い時間をかけて連続的に起こり、大きな違いに発展する。ダーウィンは生物の進化も同じであると考えました。

「自然選択」は、毎世代に少しずつ生物集団の形質の平均値を変えて、長い時間の果てに新しい形質が固定する。こうして生物は多様化するのだと、考えたのです。

このことをダーウィンは「自然は飛躍しない」といっています。

ダーウィンの連続的な進化観は、「総合説」の登場以前からたびたび議論の的《まと》になっていました。ダーウィンの考え方が正しいのならば、新しい「種」ができるときには、元の生物と新しい生物の中間的な形を持つ生物が必ず存在するはずです。

しかし、現に進化しつつある中間的な形を持つ生物は見当たりませんし、進化に何万年もかかるのならば、直接確認することはできないでしょう。

そこで、人々は化石記録の中に証拠を求めました。「創造説」が幅を利《き》かせていた時代には、化石は神に逆らって滅ぼされた種族の骨（自分に逆らう種族を神は作ったのか?）だとか、深い地層から浅い地層に向けて、あらかじめ埋められた状態で創造された、などの解釈がなされていました。

しかし「進化論」が広まってからは、化石はかつて存在した生物が地層に埋もれて石化したものと解釈されました。したがって、化石記録を調べれば、変化の途上の中間的な形を持つ生物がいるかどうかを確認できるはずです。

ところが、互いに形の異なる生物の化石は出土するのですが、連続的に変化する生物の進化の様子が捉えられるものはなかったのです。

つまり、化石記録からは、生物は現れるとある程度の期間同じ形を保ち、あるとき突然に別の形の生物に置き換わってしまうというパターンが見られたということです。


このパターンに対する解釈は二つあります。ひとつは、生物の進化が起こるときには急速に起こり、ゆっくりと連続的に起こるのではない、というもの。もうひとつは、生きている生物のうちで化石になるものはごく少数だから、中間的な形を持った生物の記録はたまたま残っていないだけだ、というものです。

しかし、進化についてほとんどわかっていなかった当時、この論争に決着を付けることはできませんでした。「進化論」の歴史上では結構大きな問題であり、たびたび論争の的になっています。

一九七二年にも、アメリカの古生物学者ナイルズ・エルドリッジとスティーヴン・J・グールドの二人が、化石記録のパターン解析から、「生物は長い間ほとんど形を変えず、その後のごく短期間に一気に多くの生物が急速に進化する。生物の進化はその繰り返しの歴史である」と主張しました。

これは「断続平衡説」と呼ばれています。ダーウィン進化論の連続的な進化観を否定するものであり、グールドたちは、ダーウィンの説に基づいた進化の説明そのものに問題があるのだという主張につなげています。

連続性と不連続性の問題は、「進化論」の歴史における大きな問題です。「総合説」の観点から考えてみると、どのようになるのでしょうか。

「総合説」では、遺伝子であるDNA上のある塩基が別の塩基に置き換わることでアミノ酸配列が変わり、形質に変化をもたらすと考えます。この時、最も小さな変化は、ひとつの塩基が別の塩基に置換すること（＝点突然変異）です。塩基は「A、T、G、C」の四種類しかありません。

どれかからどれかへの変化が起こったとして、それは連続的といえるでしょうか。いいえ、不連続です。DNA上に起こる「点突然変異」は、物質の構造が不連続である以上、不連続な変化しかもたらすことができません。

それでは、連続的な進化観は間違っているのでしょうか。そうともいい切れないのです。なぜならば、ＤＮＡの上に起こる変化は不連続なものだとしても、形質に現れるときに不連続になるとは限らないからです。たしかに、「優性の法則」が働くような形質では、中間的な形質は生じず、ヘテロの対立遺伝子の組み合わせからも優性の形質しか生じません。

しかし、メンデルが「遺伝の法則」を発見するのに用いた花の色の遺伝子は、白／白なら白、赤／赤なら赤の花の色になりますが、赤／白という対立遺伝子の組み合わせの場合は、中間的なピンク色になります。髪の毛の色などの遺伝でも、黒髪と金髪の組み合わせだと中間的な茶色の髪になるといった、中間的な形質が現れることも知られています。

これらの変異が「点突然変異」であるかどうかはともかく、異なる遺伝的基盤を持った変異が組み合わせになると中間的な形質が生じる、ということは確かにあるのです。

結局、ＤＮＡの上に起こった不連続な変化が、形質として現れるときに、どのような現れ方（＝表現型）になるのかが問題になるのです。

例えば、ある対立遺伝子によってある色素ができるとします。二つのタイプの対立遺伝子を持つ場合に、両方の色素が作られるならば、中間的な色合いのものが生じるでしょうし、ある遺伝子を持っていれば、ある形質を作り出す遺伝子の系列が不足なく働くのならば、ひとつでも対立遺伝子を持っていれば系列は進み、その形質が現れるでしょう（＝優性の法則）。

「総合説」に基づく変異の現れ方から考えれば、ＤＮＡ上の変化はいつでも不連続ですが、それが形質に与える変化はいつも不連続とはいい切れないのです。

結論としては、ＤＮＡの構造と変異の生じ方を考えても不連続な進化が起こる可能性はあるということしかいえません。特に、「総合説」が提示された当時は、ＤＮＡ上の変化が形質にどのような影響を与えるのかはほとんどわかっていませんでしたから、進化の連続性の問題に決着を付けることはできなかったのです。

もうひとつ、変異ではなくて選択と連続性についての話をしておきます。

ダーウィンの「自然選択説」を実証したものとして最も有名な例は「ガの工業暗

化」です。

十九世紀後半のイギリス。元々白い樹皮を持つ木々で構成された林に、白い翅を持つガが生息していました。しかし、建設された工場から排出された煤煙《ばいえん》で樹皮が黒ずむとともに、黒いガの割合が増えたという事例があるのです。

白い樹皮の上では白いガは目立ちませんが、黒いガは目立ちます。そのため、白いガのほうが鳥に食べられにくく生き残りやすかったのです。しかし、樹皮が黒ずむにつれて、黒いガのほうが目立たなくなったために生き残りやすくなり割合が増えたのだと、解釈されました。

この解釈は、「自然選択説」を認めない否定派から様々ないちゃもんがつけられましたが、のちに本当であることが証明されました。このとき、ガはまず灰色になり、それから黒い個体が増えたのではなく、元々少数いた黒いガが増えていったのです。

つまり、複数存在した不連続な表現型を持つ遺伝的な変異体の間に「自然選択」が働き、その結果、片方の頻度が変化したという意味で不連続な進化が起こったのです。

しかし、すでに存在していた二つの表現型が「点突然変異」により規定されていたのかどうかはわかりません。やはり、進化の連続性は未解決のままでした。

ダーウィンは
「自然は飛躍しない」
と語った
Darwin

## 論点Ⅱ——進化は総合説に基づいて起こっているか？

「総合説」はダーウィンの「自然選択説」に、その後判明した遺伝の仕組みや遺伝子であるＤＮＡの構造や複製の仕組みの知識を組み合わせて、集団中の遺伝的変異体の生成から自然選択を通した適応の完成までを説明した仮説です。

理論的には確かに成り立つ仮説ですが、科学的事実として認められるためには、生物の進化がそのメカニズムに従って起こっていることが示されなければなりません。ラマルクの「用不用説」が事実として認められなかったのも、後天的に発達した形質が子どもに遺伝するというラマルク説の前提が、事実として認められなかったからです。

どんなに優れた仮説でも、事実による裏付けがない限り、現象を成立させているメカニズムであると認められることはないのです。それでは、実際の進化現象に対して、「総合説」はどの程度の説明力を持つのでしょうか。自然選択と変異の生成に分けて、見ていくことにしましょう。

まず、自然選択により適応が生じているのかどうかについて。

いくつかの例を挙げながら、どのようなことがわかっているのかを見ていきます。野外で自然選択による進化が起こった例として、最も有名なものは先に述べた「ガの工業暗化」です。工場建設に伴い白かった樹皮が黒ずむにつれ、黒い翅色をしたガが増えていった、というものであり、黒い樹皮の上では白いガより黒いガのほうが目立たないので、白いガだけが鳥の捕食を受けやすくなり、黒いガが増えたという解釈です。

「自然選択」が適応進化をもたらすということがほとんどわかっていなかった時代の研究で、ほぼ初めての実証研究だったために、自然選択による適応進化を認めない立場の学者から、様々な疑問が出されました。

例えば、黒いガと白いガは樹皮の上で止まる場所が違う。食べられやすさの差は止まる場所の違いに基づいており、樹皮の上での目立ちやすさに起因するものではないといった反論です。

もしそうだとしても、形質の違いにより捕食圧が異なり、自然選択の働きで両タイプの頻度が変化したということになりますから、自然選択による進化を否定したことにはなりません。しかし、反対派は何が何でも「自然選択」による進化を認めたくなかったのかも知れません。

この「工業暗化」については、当時提出された反論のほとんどが、後になって正しくないということが明らかになりました。「工業暗化」は環境の変化により、存在した遺伝的変異間の自然選択のかかり方が変化して形質の頻度が変化した「適応進化の実例」として認められているのです。

もうひとつの代表的な例はもっと最近のものです。

材料は、先に紹介した、ダーウィンに「進化論」を唱えさせる原因となったガラパゴス島のダーウィンフィンチです。ダーウィンフィンチは、ガラパゴス諸島の各島に住んでいますが、島ごとの食べ物の条件に合わせた形でその嘴の形が異なっています（八八ページ）。

虫がエサになっている島では虫を捕らえやすいような細長い嘴のフィンチが、固い木の実がエサになっている島では実を砕《くだ》きやすいペンチのような形をした分厚い嘴のフィンチが住んでいます。ダーウィンは元々同じ形であったフィンチの嘴が、島ごとのエサ条件の違いによって別々の形に進化したと考えたのです。

アメリカのプリンストン大学の進化生物学者であるピーター・グラントとローズマリー・グラント夫妻は島に住み込んでフィンチの嘴の形を計測し続け、同時に、年ごとの食物の条件の変化も調べました。

ある島に住むフィンチの嘴の形はある程度の変異を持っており、その形の差は遺伝していました。年ごとに島の雨量は異なり、雨の多い年には昆虫や草の実がたくさんありましたが、乾燥した年には昆虫が減り、草の実もあまりないために、フィンチは固い木の実を食べるしかありません。

彼らは、どういう条件の年に、どういう嘴を持つフィンチが、どのくらい繁殖するかを調べ、その翌年にフィンチの嘴の形がどのように変化するかを調べたのです。

結果、次のような事実が明らかになりました。

昆虫や草の実が豊富にある年は、嘴の太いフィンチの繁殖が悪く、次の年のフィ

◆ダーウィンフィンチの嘴の形の違い

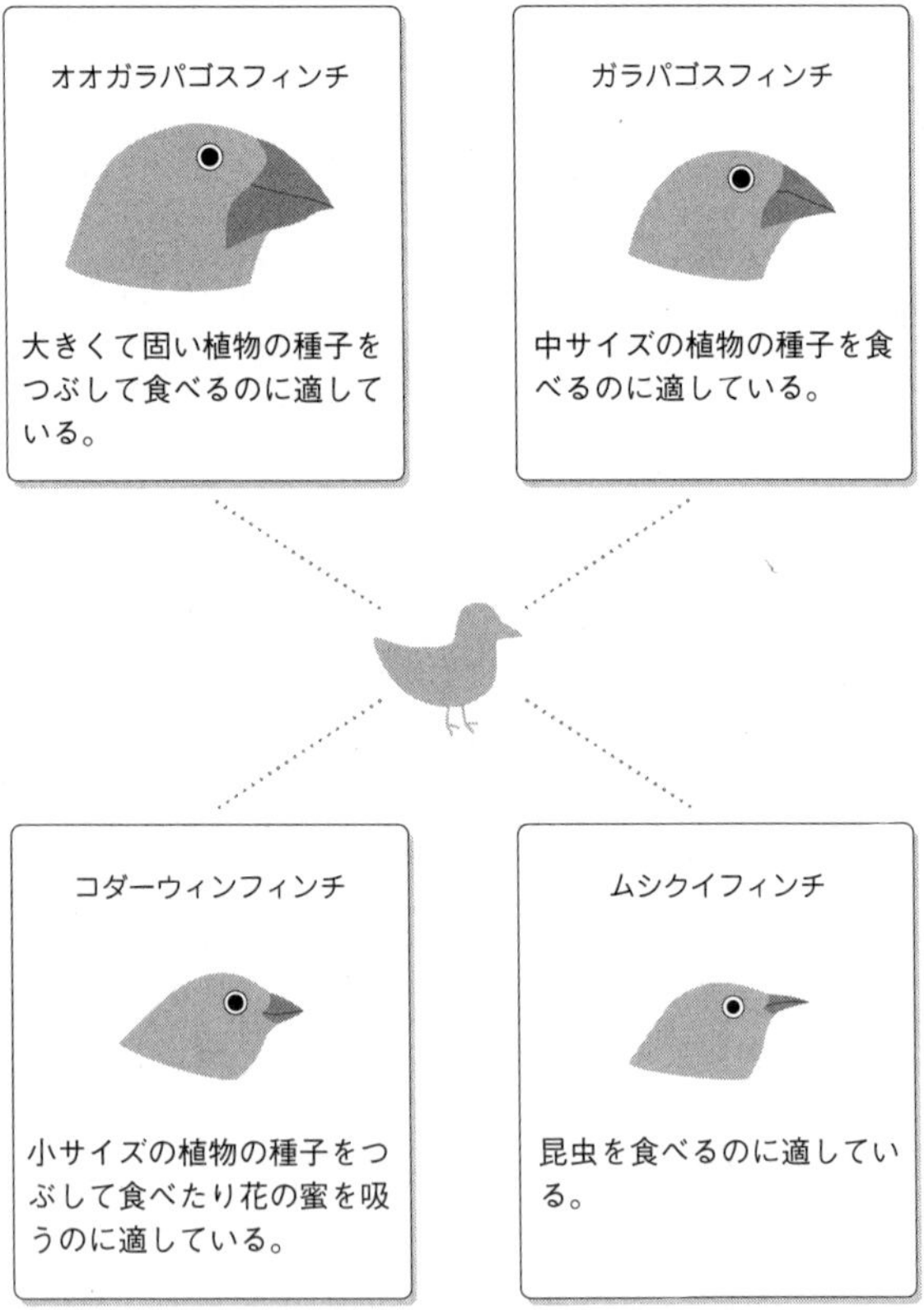
オオガラパゴスフィンチ
大きくて固い植物の種子をつぶして食べるのに適している。
ガラパゴスフィンチ
中サイズの植物の種子を食べるのに適している。
コダーウィンフィンチ
小サイズの植物の種子をつぶして食べたり花の蜜を吸うのに適している。
ムシクイフィンチ
昆虫を食べるのに適している。

ンチの嘴は平均的にわずかに細くなる。そして、固い木の実が優占している年は細い嘴のフィンチはうまく繁殖できず、翌年のフィンチの嘴は、平均的にわずかに太くなったのです。

嘴の太さがわずかに変化しただけだろうって？

その通りです。

しかし、それこそがダーウィンが予測した「自然選択」による適応進化そのものなのです。この島ではエサ条件が年ごとに変動するため、どのような嘴の形が生存に有利なのかは一定していません。

しかし、観察された事実に基づけば、常に昆虫や草の実が豊富な島では嘴は細い状態に保たれ、常に木の実が主食になる島では嘴は太い状態に維持されることでしょう。

グラント夫妻の観察結果は、ダーウィンが考えたとおりの進化がいまも起こっていることをはっきりと示したのです。

ダーウィンは、「進化は長い時間がかかるので観察できない」という批判に対して「進化は裏庭でいまこの時にも起きている」と反論しましたが、それから二百年近くも経って、彼の考えが正しいということが、進化論の故郷・ガラパゴス諸島で証明されたのです。

このようにして、自然選択が適応進化をもたらしていることはほぼ確実になりました。その後も様々な生物で自然選択が存在することは示されており、少なくとも自然選択が適応を生じさせていることは間違いないこととなっています。

しかし、フィンチに見られた変異はあらかじめ存在していたものであり、それがどのように出現してきたのか、あるいは突然変異によって生じてきたものなのかはわかりません。

それでは、「総合説」の根幹をなす「点突然変異」によって自然選択にかかる遺伝的変異が供給されるという点については、現在どのようなことがわかっているのでしょうか。

そもそも「突然変異」という概念は、ショウジョウバエを用いた遺伝学の研究の中で現れてきたものです。たくさんのハエを飼って様々な形質の遺伝を調べていると、ときどき、それまでとは変わった形質を持つものが現れてくるのです。

例えば、通常ショウジョウバエの複眼は赤色をしていますが、ごくまれに白い複眼を持つものが現れます。そして、このようなハエ同士を交配すると、子どもの眼も白くなるのです。つまり、遺伝する変異が突然現れたということです。

このような突然変異を理解するための最も単純なモデルが「点突然変異」です。眼を赤くする色素が作られるとき、元の物質が次々と別の物質に変わっていくことで、最終的に赤い色素へと変えられていきます。ある物質から別の物質に変わるひとつの化学反応ごとに、異なる酵素がその反応を調節しています。

この合成反応に関わっているいくつかの酵素のうち、ひとつでもその機能を失うと、物質の正常な合成経路が完成しないため、最終的な赤い色素ができなくなります。酵素とは、特定のアミノ酸配列を持つタンパク質が立体構造を取ることによって、特定の物質の化学変化を促すという機能を持つものです。そのため、アミノ酸の配列が変わり、特定の立体構造を取れなくなると酵素としての機能が失われて、化学反応を制御できなくなってしまうのです。

ＤＮＡ上の塩基配列が変化すると、その箇所の遺伝情報が指定しているアミノ酸の種類が変わることがあり、いままでと異なるアミノ酸配列のタンパク質が合成されるようになり、酵素の働き方が変化します。このようなメカニズムで、ＤＮＡ上の一カ所の塩基配列が変わると、生物の形質が変化するのです。これが「点突然変異」と呼ばれるものです。

このような「点突然変異」は、なかなか起きないことがわかっています。現在の知識では、ある一カ所の塩基配列に「点突然変異」が起こる確率はおよそ一〇〇〇万分の一（$10^{-8}$）であるといわれています。「点突然変異」で起きる遺伝的な変異体というものは滅多に生じないものであり、そのため恒常的に手に入れるのが難しく、この点が研究を進めるうえでの難点でした。

そこで、遺伝学者たちは様々な方法で、突然変異率を上げようと試みました。その結果、放射線照射を行うと、突然変異率が飛躍的に上がることを見いだしたのです。放射線をある程度以上浴びると、ＤＮＡの複製時にエラーが起こりやすくなり、突然変異が生じやすくなるようです。

人間でも、ある程度の量の放射線を浴びるとガンなどになりやすくなることが知られていますが、原因のひとつは、ＤＮＡ複製時に「点突然変異」が起きるからだとされています。

ともあれ、遺伝学者たちはこの手法を使って様々な突然変異を作り出し、研究を進めました。その結果、生じる突然変異はほとんどの場合、それまでの機能を損なうものであるということがわかりました。ショウジョウバエの例では、翅がねじれて飛べなくなる、眼そのものが無くなるなどです。

ほとんどの突然変異は有害なのです。

この事実は「総合説」に対してひとつの疑念を投げかけました。「総合説」はダーウィンの「自然選択説」を含んでいますから、存在する変異のうち、有利なものが選択されて広がる、という考え方です。それならば、ほとんど害にしかならない突然変異が、はたして適応進化をもたらす原動力となっているのだろうかという疑念です。

これは難しい問題です。

進化はすでに起こってしまった現象なので、現時点で自然選択にかかった元々の形質がどのようなものであったかを知ることは困難だからです。しかし、特殊な状況での進化を調べると、適応というものがどういう現象なのか、進化が起こった後でも理解できます。

例えば、洞窟の中や深海など、光がない場所に住む生物では、眼が無くなっていることが頻繁に観察されます。光のある場所に住む近縁種はみな眼を持っているため、眼は二次的に失われたものとわかります。このような現象は「退化」とも呼ばれますが、自然選択による適応進化として解釈することができます。

なぜなら、光がない場所で眼を作っても有利ではないからです。もし眼を作る化学反応系のどこかが突然変異により壊れて、眼ができなくなったとします。眼のような複雑な器官を作るには様々な物質を合成しなければなりませんが、眼が無くなるとそのような物質の合成が一切不要になるため、その分のエネルギーを他の生命活動に用いることができます。

ですから、通常の環境ではとても不利になる「眼を失う」という形質ですら、そもそも光を受容することに意味がない暗黒の環境では、「その分のエネルギーを他の生命活動に利用できる」というメリットになり得るのです。

暗黒環境下で、眼のあるものと眼の無いものが競争すれば、眼を作るエネルギーが不要な分だけ、眼の無いものの増殖効率が高くなり、眼が無いという形質が自然選択により進化するのでしょう。

また、眼を作るような複雑な反応系は、そのどこが「点突然変異」によって壊れても「正常な眼ができなくなる」という結果をもたらすので、様々な生物で何度も独立に進化するでしょうし、一見不利に見える突然変異が適応となる場合があることを示しています。

もちろん、全ての進化が突然変異を源として起こっている訳ではないかも知れませんが、「眼の退化」という進化現象は、たしかに「点突然変異」が適応進化の源となり得ることを示しているのです。

## 二つの論点　選択と連続性

　ここで、再びダーウィン進化論の二つの論点、選択と連続性に立ち戻ってみましょう。ダーウィンの「進化論」は、生物集団の中に存在する形質の遺伝的な変異に選択が働き、徐々に適応が進んだ結果、進化が起こるというものです。

　このうち、選択の働きについては、現時点ではほぼ確実に存在しており、それが適応をもたらす原動力になっているという理解で落ち着いています。

「ガの工業暗化」の時代には、そのような適応は自然選択によって生じたのではない、という反論も存在しましたが、工業暗化現象自体もフィンチの嘴をはじめとする様々な研究でも、起こっている現象を理解するうえで、最も有効な仮説は「自然選択」であるという結果が出ています。

　もちろん、科学で「事実である」ということは、「その仮説は否定できない」ということは消極的支持であり、自然選択は「現在最もましな仮説である」ということにすぎず、それ以上に現象をうまく説明できる仮説が発見されていないという可能性を否定することはできません。

余談になりますが、科学における事実というものは、皆さんのほとんどが思っているように、「絶対にそうである」と言い切れるものではありません。

現象を説明するいくつかの仮説について、様々なテストによって検証が行われ、その仮説の予測と現実が異なる仮説のみが、「現象を説明できないもの」として否定されます。その結果、生き残っている仮説は「事実としておいても、どこにも矛盾がないので差し支えがない」という程度のものにすぎないのです。

例えば、アインシュタインが唱えた「相対性理論」は、それを使わないと説明できない現象（水星の近日点移動など）が観察されたため、ニュートン力学に取って代わりましたが、明日も「相対性理論」が正しいとは限りません。「相対性理論」では説明できない現象が見つかるかも知れず、その現象を別の仮説が説明できるかも知れないからです。

二〇一一年に、ニュートリノの速度のほうが光速より速いという観測結果が出たために、「相対性理論は間違っていたのか？」という報道がなされたことは記憶に新しいと思います。この時は計測ミスがあったことが判明し、「相対性理論」は命《めい》脈《みゃく》を保ちましたが、全ての科学的事実というものは常に「現時点でのベスト」にすぎません。つまり、本当はもっと優れた仮説が存在する可能性を完全に否定することは、それこそ「絶対にできない」のです。

同様にあることが「絶対にない」ということも決していえません。

二〇一四年に最大の話題となった科学ニュースは、残念ながらＳＴＡＰ細胞でした。「ＳＴＡＰ細胞はあります」との言明で、多くのマスコミが「ＳＴＡＰ細胞はあるのか、ないのか」と騒ぎ立てましたが、科学的には無意味な騒ぎです。あるなら作ってみせればそれで終わりですが、度重なる再現実験にもかかわらず、一度も再現されなかったのですから、科学的には「現時点ではない」といえるだけです。

絶対にないのかどうかはそれこそ「絶対に」わからないからです。「絶対にないとはいえない」という理由でＳＴＡＰ細胞の存在を擁護する人は、科学における「ある」ということ、そして「ない」ということの意味をわかっていないのです。

もちろん、自然選択の存在も科学ですから、先に述べたような意味で「ある」といえるだけです。「進化は自然選択によって起こるのではない」という人はいまでもたくさんいますが、そういう人は次のことを証明すればいいと思います。

つまり、ダーウィンの「自然選択説」の本質は、「存在する変異の中から、有利なものが選ばれる」ということですから、これを否定すればいいのです。どんな場合でも最適なものだけしか生じないのであれば、「選択されている」こと自体を否定できるでしょう。

ダーウィンは自分の学説に対しても、ハチやアリ（社会性昆虫）の存在のような自説への反証となるかも知れない事実をきちんと見つめていた人でしたから、「自然選択が原理的にあり得ない」のが事実であればそれを認めたでしょう。

しかし、寡聞《かぶん》にしてダーウィニズムに反対する人たちがそのような研究をしているとは聞いたことがありません。文句を付けるのは誰にでもできることですし、簡単なことですからそれをやりたいのはわかりますが、自然選択の存在を示す証拠がいくつも見つかっている現在、そのような屁理屈だらけの反論が相手にされないことは、いたしかたないことのようにも思えます。

それでは、ダーウィンがこだわったもうひとつの論点、進化の連続性についてはどうでしょう。これについては、自然選択ほど明快に正しいとはいえません。

何をもって連続的というかは、一概にはいえません。DNAのレベルでは、ひとつの塩基が別の塩基に置き換わることが、進化に関わる最小の変化ですが、これは連続的なのでしょうか。

「点突然変異」によって、ある酵素が機能を失うと、例えばいままで作られていた色素が合成されなくなるといったことが起こり、色という形質が別の色に変わります。

これは連続でしょうか、それとも不連続なのでしょうか。

ショウジョウバエの眼の色でも、いままで赤だったものが突然、白に変わりますが、これは不連続でしょうか。なかなか難しい問題であることがわかりますね。

実際の進化でも、このような例を挙げることができます。洞窟内の生物で眼が無くなる進化が起きるという前述の例がそうです。複雑な化学反応系の連鎖によって作り出されている眼球という形質が、そのどこかを調節している酵素を指定している遺伝子に変異が起きることで、眼球自体が形成されなくなります。

これは明らかに不連続な変化ですが、可能性としては、遺伝子に起きる最小の変化（点突然変異）で起こり得る進化といえます。こう考えると、すでに形成された複雑な形質は「点突然変異」により一気に失われる可能性があります。それがないことが有利な環境（例えば暗黒の洞窟内では眼は不要）ではエネルギーコストの面から、進化する可能性があるのです。

つまり、「退化」という観点からは、不連続な進化は起こり得るということです。問題となるのは、このような複雑な形質（例えば眼）ができていく過程で、進化は連続的に起こるのかどうかです。適応的で複雑な形質はいきなり生じない。これがダーウィンの信念でした。

眼について考えてみましょう。眼の進化は再現できませんから、様々な生物が持っている眼を比較することで、眼がどのように進化したのかを考えることにします。

そうすると、人間が持っているような複雑なカメラ眼がいきなり現れたのではないことがわかります。一番単純な「眼」は、ミドリムシのような単細胞生物が持っている眼点と呼ばれるもので、単に光を感知する部分があるだけです。

これが多細胞生物になると、徐々にくぼんだ杯《さかずき》のような構造の内側に視細胞が並ぶようになり、もっとくぼんで球状になり眼球となり、さらにはレンズがついて焦点調節ができるようなカメラ眼を持つものが現れます。生物の体制が複雑化するとともに起こる変化であり、進化も徐々に起こっていったと考えられます。

それでは、もっと単純な眼を持つ生物たちは適応していないのでしょうか。ダーウィニズムを批判する人たちがよく使う論理なのですが「中途半端な構造は適応的ではないので、そのような構造を持つ中間段階のものを経由した進化は起こらないのではないか」という主張があります。

しかし、これは「それぞれの生物にとって何が適応的なのか」という問題と切り離せません。眼点を持つミドリムシと、眼点を持たないミドリムシについて考えてみましょう。光を感知するという単純な機能しか持たない場合でも、葉緑体を持ち光合成をするミドリムシでは、光源の方向を認識できる眼点があるほうが有利です。

また、頭足類《とうそくるい》であるタコやイカの眼は、人間のものとよく似たカメラ眼を持っていますが、これは歴史上、脊椎《せきつい》動物と頭足類で二回独立に進化したことがわかっています。

どちらも焦点を合わせて獲物を捕らえる上で、レンズを持ったカメラ眼が有利であったので進化したと考えられます。「短時間で焦点を合わせる」という目的のためには、それまでの眼の構造から見て「レンズを持ったカメラ眼が必要な機能を満たすために最もたやすく作ることができた」のでしょう。

複雑な構造を持つ様々な形質は、中間段階を経て徐々に現在の姿になりました。そして、重要なことは、中間段階はそれぞれ適応的であり、最も完成された形を「目指して」進化が起こったのではないということです。常に手持ちの選択肢を用いながら、環境が変化するにつれて適応的に進化した結果として、複雑な構造を持つものへと進化してきたのです。

これは重要な観点なので繰り返します。

「進化とは、ある目的に向かって完成されていくものではなく、常に、手持ちの選択肢の範囲で、適応的なものへと変化していった結果として、現在の複雑な構造が存在する」ということです。

このように書くと、形質を獲得する進化は連続的だといっているようですが、ダーウィンの時代よりも、生物についてははるかに多くのことが明らかになった現代では、形質を獲得する進化の過程においても、時には不連続な進化が起こったであろうということがわかってきています。

# ウィルス・トランスポゾン・大規模な変化

「総合説」において、遺伝的変異を生じさせる要因として取り上げられていたのは、遺伝情報を形作るＤＮＡの塩基配列のどこかが、別の塩基に置き換わるという「点突然変異」でした。

「点突然変異」は、ＤＮＡの構造から見て、遺伝情報の上に起こる最も小さな変化であることはすでに述べました。ＤＮＡの塩基配列に生じる変化は、そのまま次世代に遺伝します。

したがって、どのような形であれＤＮＡ上に起こった変化は、進化を起こす要因となります。「点突然変異」も主な要因と考えられていましたが、その後、様々な原因で塩基配列が変化することがわかってきたのです。

そして、その中には、一塩基の置換どころではなく、はるかに大きな変化をもたらすものがあります。いままでになかった長い塩基配列が突然遺伝子の中に生じたり、あるいは一部分の配列が消失することでアミノ酸鎖も違うものになり、表現型についても「点突然変異」がもたらすよりも、はるかに大きな不連続な変化が起こる可能性が、実際にあることがわかってきたのです。

ウィルスというものが存在します。

ウィルスは、DNA（またはRNA）を遺伝物質として持ち、それがタンパク質の殻に包まれた構造をしています。自分では自己複製やエネルギー生産に必要な化学反応系（代謝系）を持ちません。

それでは、どのように増殖するのか？

ウィルスは、生物の細胞内にDNAを送り込み、細胞が持つ代謝系を利用して、自分のDNAを複製させ、それをタンパク質の殻に包むことで、自分と同じものを複製します。

こうやって増殖すると、宿主の細胞を壊して様々な方法（空気感染や接触感染）で別の細胞へと移動し、再び増殖を繰り返すのです。

この過程で、人間をはじめとする宿主に様々な害（時には死）をもたらすため、ウィルスは病原体として恐れられてきました。二〇一四年に、西アフリカで流行し、恐れられているエボラ出血熱もウィルスを病原体とする疾患です。ウィルス単体では自己複製も増殖もできないため、生物なのかどうかについては議論がありま す。「生物ではない」とする見解もありますが、遺伝子を使って自己複製と増殖をしており、生物と同様に進化もします。

さて、ウィルスの一部には、ある条件が整うと、宿主のDNAの中に入り込み、宿主のゲノムと一体化してしまうものがあることが知られています。つまり、ウィルスのDNAの両端が、切断された宿主のDNAと結合し、一本のDNAになってしまうのです。

これを「溶原化」と呼びますが、ウィルスの遺伝子はそのままでは働かなくなり、宿主のゲノムとともにそれ以降の世代に伝えられていくのです。

「溶原化」が起こり、その場所が宿主の遺伝子の中である場合、「点突然変異」をはるかに超えた大きなDNA配列が、いきなり既存の遺伝子の中に挿入されることになります。したがって、そのまま読み取られて、間に停止コドンがない場合は、長いアミノ酸配列が、いきなりいままでのアミノ酸鎖の中に挿入されることになる

## ◆ウィルスによる溶原化

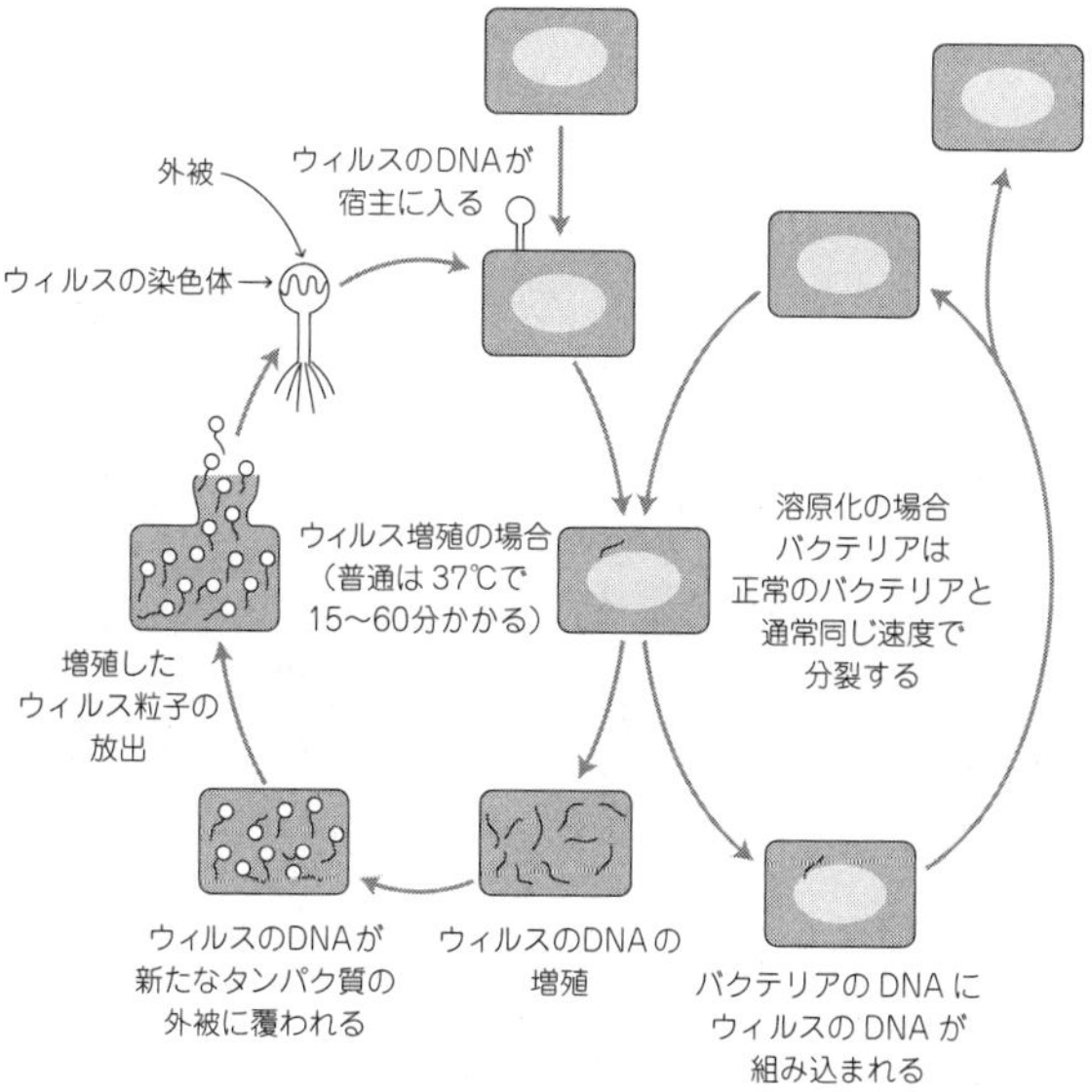
外被
ウィルスの染色体→
ウィルスのDNAが
宿主に入る
ウィルス増殖の場合
（普通は37℃で
15〜60分かかる）
溶原化の場合
バクテリアは
正常のバクテリアと
通常同じ速度で
分裂する
増殖した
ウィルス粒子の
放出
ウィルスのDNAが
新たなタンパク質の
外被に覆われる
ウィルスのDNAの
増殖
バクテリアのDNAに
ウィルスのDNAが
組み込まれる

のです。

すると、「点突然変異」による一アミノ酸の置換に比べて、はるかに大きな規模の変化がタンパク質に起こることになります。タンパク質の機能は大きく変化するでしょう。

このような変異が厳密に調整されると、いままでの化学反応系を正常に作動させることはないでしょうから、ほとんどの場合、宿主にとって致命的な害になるだろうと想像されます。

しかし、「有利になることはない」と言い切ることもできません。

重要なのは、このようなメカニズムにより、自然選択にかかり得る不連続な変異が実際に生じるということです。つまり、「点突然変異」だけがＤＮＡ上に変異を生じさせる原因であるという狭義の「総合説」は修正せざるを得ないのです。

もうひとつの例は「トランスポゾン」です。「トランスポゾン」は、自分自身が指定している酵素により、自分自身をゲノムの中の特定の配列を持つ領域に挿入し、再び切り出して、別の場所に挿入することで、ゲノム上で場所を変えるＤＮＡ

配列です。

一九四〇年代、アメリカの遺伝学者バーバラ・マクリントックにより発見されたものであり、このように大きなDNA断片がゲノムの中を動き回っていることは想像もされていなかったので、大発見となりました。

彼女はこの業績によりノーベル賞を受賞しましたが、その知らせを聞いても、研究のデータを得るために農場に行ってしまったという伝説があるくらいに、研究一筋の人だったようです。

その後の研究で、ゲノムDNAの中で、トランスポゾン由来の領域は、想像していたよりもはるかにたくさんあり、ある生物では全体の四〇パーセントもあることがわかっています。

ともあれ、「トランスポゾン」がタンパク質を指定している遺伝子の中に挿入されると、突然大きな遺伝情報の変化が生じますから、そのように出現した新たな変異が、進化の上で意味を持っている可能性もある訳です。

このように、ゲノムとそこに存在する塩基配列は、最初に想像されていたような、ほとんど変化しない静的なものではなく、ダイナミックに変化を続けるものだということがわかってきました。

その実像は、「点突然変異」しか起こらないと想定されていた「総合説」の仮定とは異なり、大きなＤＮＡ分子がゲノムの中を動き回ることが普通に起こっている、というものだったのです。

このような大規模な変化が、進化の過程でどのような役割を果たしてきたのかはまだよくわかっていません。「点突然変異」ですら、進化にどの程度寄与しているかはわかっていないのですから、それもしかたのないことです。今後の進化学の中で、徐々に明らかにされていくことでしょう。

進化の連続性という観点からは、ゲノムＤＮＡ構造の大規模な変化は、「飛躍的に不連続な形質の進化が不可能ではない」ということを示しています。連続的な進化というダーウィンの信念は、その根底の所でちょっと怪しくなってきたのです。

それでも、ウィルスの「溶原化」や「トランスポゾン」の存在が、飛躍的な進化を起こしたという明確な証拠はいまのところありません。

しかし、意外なところから、もっとはっきりした「不連続な進化の証拠」が現れました。次節はそのことについて見ていきましょう。

バーバラ・マクリントックは
トランスポゾンの発見
によりノーベル賞を
受賞した
Barbara McClintock

# 共生と進化

バクテリアなど核を持たない菌（原核生物）以外の、ＤＮＡが核膜に包まれて細胞内に存在する生物（真核生物）は、細胞内に原核生物にはない特殊な細胞内小器官を持っています。

動物ではミトコンドリア、植物ではミトコンドリアに加えて葉緑体です。ミトコンドリアはエネルギー産生、葉緑体は光合成を行っている器官で、電子からエネルギーを取り出すという、電子伝達系と呼ばれる機能を持っています。

電子伝達系では、いくつかのタンパク質の間を電子が受け渡されることで、エネルギーが取り出されるようになっています。エネルギーを取り出すためには、電子が複数のタンパク質の間を特定の順序で受け渡される必要があり、効率よく行うために、それらのタンパク質はミトコンドリアや葉緑体の膜に順番に固定されています。

この膜は、細胞膜と同じ構造をしたリン脂質の二重膜で、あたかも細胞の中に、もうひとつの細胞が存在するような構造をしています。

ミトコンドリアや葉緑体には、他の細胞内小器官とは異なるもうひとつの特徴があります。それぞれの器官は、核内にあるＤＮＡ（核ゲノム）とは別にＤＮＡを持っているのです。ミトコンドリアや葉緑体は細胞内で増殖しますが、この際、持っているＤＮＡは複製されて、分裂したミトコンドリアや葉緑体に受け継がれます。

ここでも、ミトコンドリアや葉緑体は、あたかも別の細胞のように振る舞っている訳です。


アメリカの生物学者リン・マーギュリスは以上の事実から、ミトコンドリアや葉緑体は、元々別の生物であったものが細胞に取り込まれ、細胞内小器官になったという「共生説」を一九六七年に発表しました。発表された当時、このアイデアは全くの空想のように取り扱われましたが、その後の様々な研究で、これは本当らしいということがわかっています。

ＤＮＡの遺伝情報は、「塩基三つのコドンが二〇種類のうちの特定のアミノ酸を指定する」という仕組みでタンパク質に翻訳されますが、この時に、どの三つ組みがどのアミノ酸を指定するのかという暗号表は、核ゲノムとミトコンドリアでは異なっているのです。

また、現在のミトコンドリアは自分だけで独立して生きていくことができませんが、それは自立に必要な遺伝子が核ゲノム上に移動してしまっているからだということもわかっています。

これは、共生したミトコンドリアが「逃げない」ように、核ゲノムがミトコンドリアの遺伝子の一部を奪い、いわば「家畜化」した証拠だと考えられています。ミトコンドリアや葉緑体があると、エネルギー利用効率が大幅に上がったり、栄養素を自分で合成できるなど、それらを持たない原核状態に比べて飛躍的に有利になるのです。

核ゲノムにとっては、共生体の遺伝子を奪い、家畜化することが有利であったからだと考えられています。「共生」という言葉の裏には、それぞれのDNA同士の熾烈《しれつ》な支配関係が存在することがわかります。

また、このような解釈がなされていることからわかるように、「適応進化」という観点から見ると、ある機能を持つ共生体を体内に取り込むということは、共生体が持つ機能を「いきなり」獲得するということです。獲得した共生体は、本体の細胞とは別にDNAを持ち、自己複製して子どもに伝わりますから、ちゃんと「遺伝」もする訳です。

ですから、進化の連続性という観点から見れば、共生体の獲得は、「点突然変異」や、ウィルスの「溶原化」や「トランスポゾン」による大規模な改変すらはるかに超えた飛躍的な進化の源であったと考えられるのです。というよりも、そのような進化が起こったというはっきりとした証拠、といえるでしょう。

それらは、ごく例外的な出来事だったのでしょうか?

そうではありません。

動物はミトコンドリアのみを持っており、植物はミトコンドリアと葉緑体の両方を持っていますから、両者の共通祖先であった生物（菌のようなものだったでしょう）が、ミトコンドリアの祖先と合体した後に、葉緑体の祖先と再び共生したものが植物になった、と考えられます。

つまり、植物は二度の共生を経験している訳ですから、このような飛躍的な形質獲得は複数回起こったという解釈が適当です。細胞内への共生体の獲得（細胞内共生）という出来事は、私たちが思うほど珍しいものではなかったのかも知れません。

共生という現象は、進化の上でどのくらいの重要性を持っているのでしょうか。「細胞外共生」について見ていくと、わかりやすいかも知れません。細胞の中に別の細胞が取り込まれる「細胞内共生」とは異なり、「細胞外共生」は、消化管の中などに別の生物（主に菌）が取り込まれて相互作用する現象です。

消化管の中は「体の中」ですが、それは体組織の中ではない（ドーナツの穴の中のようなもの）ので、「体外」でもある訳です。細胞の中に別の細胞が取り込まれている場合と区別するため、「細胞外共生」と呼ばれており、「細胞外共生」の代表的な例は、消化管内にいる共生細菌です。

例えば、植物を食べて生きている動物は、自分自身では植物体を形作るセルロースという物質を分解できず、糖に変えることができません。そこで、セルロースを分解できる細菌を消化管の中にすまわせ、その力でセルロースを分解し吸収することで、植物体からエネルギーを得ることを可能にしています。このような「細胞外共生」は、昆虫から脊椎動物まで様々な動物で見られますが、もちろん人間も例外ではありません。

「細胞外共生」でも、共生微生物が消化管内の環境に適応してしまったため、独立して生きることができなくなっている場合もあります。細胞内共生と同じですね。ともあれ、植食（草食）動物の場合、共生細菌なしにはほとんどエネルギーを作れないのですから、これも不連続に形質を獲得したのと同じことです。

このような「細胞外共生」がどのように生じたのか、については興味深い研究があります。

日本の深津武馬《たけま》博士の研究によれば、共生菌を持つカメムシに抗生物質を飲ませて消化管内の共生菌を排除すると、カメムシの子どもはほとんど成長できず、まともな成虫になることができません。

これだけでも、十分に共生の絆の強さを示していますが、さらに、共生菌を除去した幼虫を生息地の土を入れて飼うと、体内に土中の菌を取り込み、再び成長できるようになるのです。カメムシの共生菌と土中の自由生活菌のゲノムを調べると、両者は非常に近縁であることがわかりました。

また、南西諸島で調べると、北のほうにいるカメムシの共生菌は培養することができず、すでに独立して生活する能力を失っていることが明らかになりました。

驚いたことに、共生菌を除去したカメムシの幼虫に大腸菌を飲ませると、一部のものはちゃんと成長することも明らかになりました。これらの事実から、カメムシ・共生菌の系では、元々は食べ物や水の中に入っていた自由生活菌をカメムシが取り込み、それが元で密接な共生系が進化してきたことを示唆しています。

このような共生菌は「体外」におり、ミトコンドリアや葉緑体とは異なります。子どもが生まれた時には消化管内には菌がいないため、親から分けてもらう必要があるのです。木を食べているシロアリや植食（草食）性の動物では、生まれた子どもは親の糞を食べることが知られており、共生菌を体内に取り込むためであると理解されています。

◆ミツバアリとアリノタカラカイガラムシ

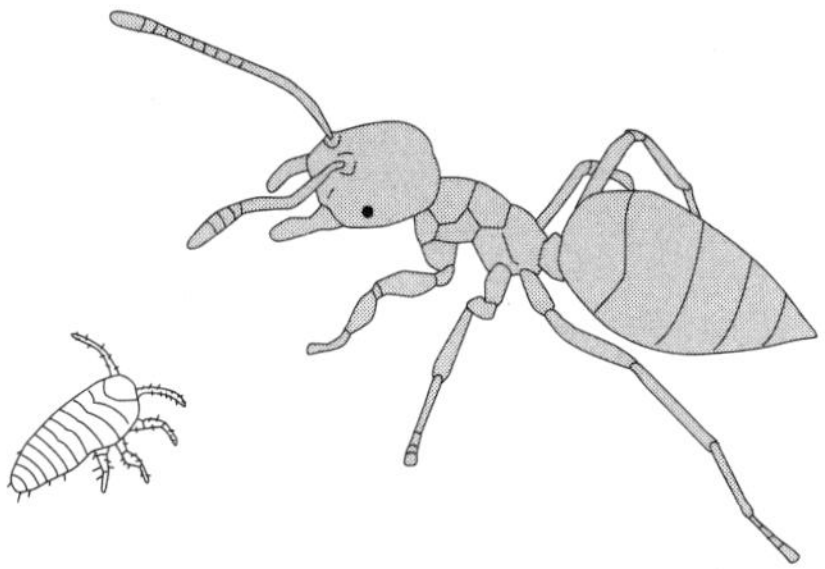

密接な共生は菌以外の生物との間でも見られます。例えばミツバアリは、植物の根につくアリノタカラカイガラムシと強い共生関係を持っており、このカイガラムシが出す分泌液しか食べません。羽アリが巣から飛び出す時は、口に一匹のアリノタカラカイガラムシをくわえており、新たなコロニーを作る時にこのカイガラムシを巣場所の植物に移植します。それがいないと生きていけず、必ず連れて行くことから「アリノタカラ〜」と呼ばれています。

このように強い共生関係にある生物たちは、お互いに強く依存しており、両方が揃わないとまともに生きていくことができません。こうなると共生菌も間接的に遺伝していくので、宿主と共生菌は「両方で進化するひとつの実体」として考えることができるかも知れません。

これまでは共生も二つの別の生物それぞれの進化として捉えられてきたので、このようなものの見方をほとんどしなかったのです。しかし、以上のように解釈したほうが現象をうまく説明できるのならば、進化を説明するひとつの考え方として、必要なものの見方になるでしょう。その時問題になるのは、両者の元々の関係が、どのような関係へと進化していくかです。

じつは、人間も食物の消化をかなりの部分において腸内の共生細菌に依存しており、共生を行っている生物のひとつです。いずれにせよ、共生という現象は様々な分類群でごく普通に見られます。つまり、「共生」という名の不連続な形質の獲得は、進化の歴史上ごく普通に起こっていたことであり、「点突然変異」やウィルスの「溶原化」や「トランスポゾン」などの大規模な改変以外に、適応的な進化を起こす有力な変異源だということができるのです。

いままで考えられていた以上に、「進化」とは不連続な形質を獲得することにより進む場合が多いのかも知れません。

少なくとも、「進化は常に連続的に起こるというダーウィンの信念は、正しいとはいえなかった」というのが現在の結論です。

現在のミトコンドリアは自分だけで独立して生きていくことはできないんだ

# 適応万能論は思考停止!?

それでは、ダーウィニズムのもう一方の柱、「自然選択」による適応の進化はどうでしょうか。ダーウィニズムによる進化を認めない人たちは、進化の連続性が必ずしも成立しない事実をもって「ダーウィニズムは間違っていた」と批判しました。

しかし、適応進化の説明としては、存在する変異の中から環境により適したものが選ばれて頻度を増していく、という「自然選択の原理」のほうが重要です。というよりも連続性に関してはダーウィンがこだわっていただけであり、ダーウィニズムの本質は「自然選択」のほうでしょう。「自然選択が適応を生み出すのか」という問いに対する答えは、「ＹＥＳ」です。

先に紹介したいくつかの例を見ても、適応が生み出される過程で自然選択が働いていることは間違いありません。そして、「全ての進化現象が自然選択の結果である」と主張する人々が現れました。それが「適応万能論」です。「適応万能論」の立場では、生物の全ての形質は自然選択によりもたらされた適応の結果として存在するのであり、それ以外に進化をもたらすものはないとされます。まあ、大変偏狭な考えだと思いますが、後に述べるように、科学の世界では、ひとつの原理がたくさんの事実を説明できるほど、その理論が優れたものであるという認識がありますから、適応一般を説明できる自然選択が唯一の進化原理であるかのように扱いたいという願望が存在したのでしょう。

いずれにせよ、一部の進化学者が魅了された「適応万能論」は、「思考停止」という意味では確かに魅力的でした。なぜならば、全ては自然選択の思し召しだ、ということで、何も考えなくてよいことになるからです。

これはどこかで見た態度です。そう、創造論を唱えた人たちの「全ては神の思し召しだ」ということと本質的に変わりません。このような態度の前では論理は通用しません。それは全く科学的とはいえない態度ですが、一時期、「適応万能論」のもと、様々な研究がなかなか認められないということが起こりました。

まるで、「地動説」を唱えたガリレオが宗教裁判で批判され、自説を曲げさせられたようなことが現代の科学でも起こり得るのです。これはいま現在もあり得る話で、私の知人も、全く新しい形の進化の理論を唱えたところ、投稿した雑誌のレフェリーから「その論理は広く認められていないので採用できない」とコメントされて、論文が不採択になったことがあるそうです。

そんなことをいっていたら、新しい論理は永遠にどこでも認められることはなくなってしまいます。まあ、仕方のないことですが、科学の世界は非常に保守的で、なかなか新しい理論を認めたがらないものです。ダーウィンの「進化論」も最初どのように受け止められたかを見ればわかりますね。

その一方で、科学の世界では、オリジナリティが大事だといわれるのですが、オリジナリティに富んだ研究をしているとなかなか論文が増えないというジレンマを抱えています。

プロの学者として生きていくためには業績が必要なので、誰もが認める、既存の理論の延長線上の研究を行ったほうが、論文生産効率が高くなり、たくさんの業績を出しやすくなる。その結果、新しいことにチャレンジする人は業績が出にくくなるという矛盾が生じるのです。

そんな中、自然選択による進化とは全く異なる進化があることを喝破し、適応万能論がはびこるなか、敢然とそれと相《あい》容《い》れない主張をし、抵抗と戦いながら認めさせていったひとりの研究者がいました。

## 有利でも不利でもない遺伝子の進化──中立説の出現

「自然選択」の原理は「存在する遺伝的変異のうち、環境の下で有利なものが増えて、不利なものに置き換わることで適応が進む」ということでした。

しかし、全ての遺伝的変異は、既存のものに比べて必ず有利・不利のどちらかにしかならないものなのでしょうか。

例えば「点突然変異」について考えてみます。

「点突然変異」は、DNAの中の塩基のどれかひとつが別の塩基に置き換わる変異です。この時、遺伝情報であるアミノ酸配列の中の核アミノ酸は、三つの塩基の並びによって指定されています。

これを「コドン」と呼びますが、DNA配列の中にある塩基はアデニン（A）、チミン（T）、グアニン（G）、シトシン（C）の四種類ですから、三つ組みの塩基配列の種類は四×四×四＝六四通りとなります。タンパク質に使われるアミノ酸は

◆点突然変異のしくみ

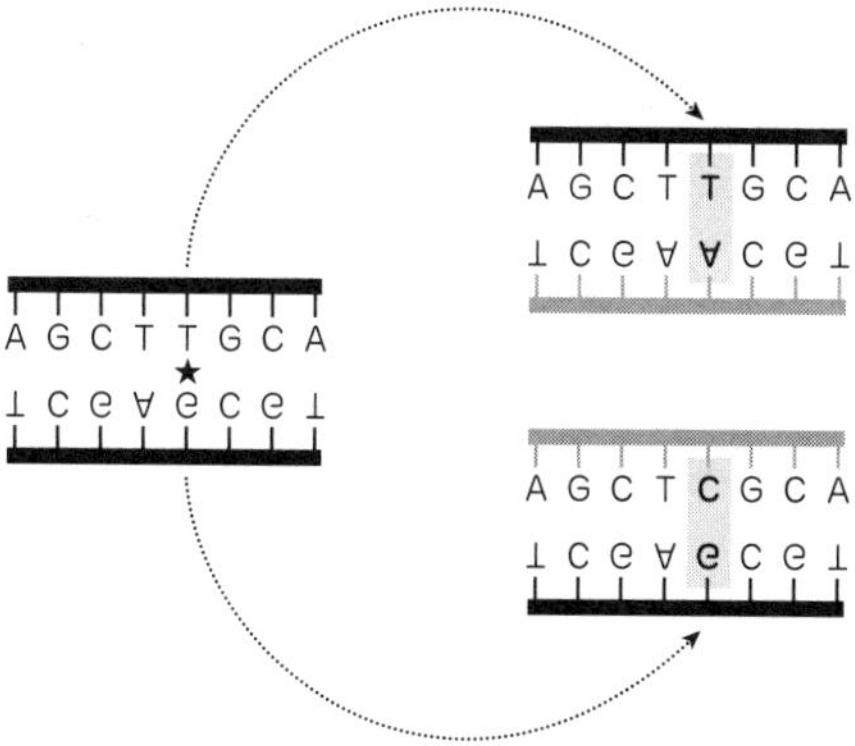


二〇種類なので、四四通りは余ってしまいますね。

どうなっているのでしょうか。

じつは、「三番目の塩基が（四つのうちの）どれであってもアミノ酸の種類は変わらない場合」と、「三番目の塩基がA、Gであるか、C、Tであるときにはアミノ酸の種類が変わらない場合」があり、六四通りのコドンはアミノ酸の読み取りを停止する「停止コドン」を含めて、全てが何らかのアミノ酸や停止コドンを指定しているのです。

つまり、いくつかの塩基配列が同じアミノ酸を指定する場合があり、それらの塩基間で置換が起こっても、指定するアミノ酸が変わらない場合があるのです。アミノ酸が変化する置換を「非同義置換」、アミノ酸が変わらない置換を「同義置換」と呼んでいます。

有利・不利という観点から見ると、形質は塩基配列によって発現する訳ではなく、指定するアミノ酸配列（タンパク質）による表現型として表れます。したがって、アミノ酸置換を起こさない「点突然変異」は表現型に影響を与えることがなく、それまでのタイプに比べて「有利でも不利でもない」ということになります。

自然選択が働くのは、「既存のものに比べて有利、または不利な形質（表現型）についてだけ」なのです。それでは、前述のように、有利でも不利でもない形質の進化は、どのような原理に従っているのでしょうか。この問題に答えを与えたのは日本の遺伝学者木村資生《もとお》博士です。

二倍体（ゲノムを二つ持つ）生物では、配偶子（精子や卵子）ができるとき、二つあるゲノムの半分がそれぞれの配偶子に入っていきます（減数分裂）。そして、受精によって再び二つのゲノムを持つ二倍体に戻っていくのです。

例えば「Aa」という組み合わせで、二つの対立遺伝子を持つ個体が減数分裂によって配偶子を作ることを考えてみましょう。配偶子を一個だけ作るとしたら、Aになる確率は〇・五、aになる確率も〇・五です。

このような両親から子どもが一個体できるとすると、子どもの遺伝子型は、AA：Aa：aa＝1：2：1＝0.25：0.5：0.25です。両親とも「Aa」という遺伝子型だったので、両親の世代では遺伝子頻度はA：a＝0.5：0.5ですが、実に四分の一の確率で、子どもの世代ではAまたはaが消えてしまうのです。

おわかりでしょうか。

世代の間で遺伝子頻度が変動するわけですから、これは立派な進化です。親から配偶子が取り出される時に、どの対立遺伝子が取り出されるかは偶然により決まるのです。取り出され方は偶然によって偏《かたよ》るため、次世代の遺伝子頻度が変動します。

これは、「自然選択の原理」とは全く無関係に、次世代の遺伝子頻度を変化させる力学です。木村博士はこの新しいメカニズムに「遺伝的浮動」という名をつけ、世に問いました。

また、有利でも不利でもない形質の進化を説明する理論として提出された「進化が遺伝的浮動により起こる」という論を「中立説」といいます。

しかし、進化学の世界では「適応万能論」が跋扈《ばっこ》していたため、当初は「中立説」の考え方は全く受け入れられませんでした。原理的には起こり得る話であることから、論文としては世に出ましたが、進化において「遺伝的浮動」が大きな役割を果たしているとは、適応万能論者は誰も考えなかったのです。

「中立説」は、多くの適応万能論者から攻撃され、実際の進化においてはほとんど役割を果たしていないとみなされました。

しかし、木村博士はひとりではありませんでした。

彼の共同研究者たちは、タンパク質酵素多型の遺伝子頻度変動のデータをたくさん集めて、その頻度の挙動が「遺伝的浮動」の予測とよく対応していることを示したのです。

科学の世界では、論理に矛盾がないことが明らかになれば、あとは「その論理が事実によって裏付けられるかどうか」で勝負が決まります。当初は激しい攻撃を受けていた「遺伝的浮動説」ですが、証拠が集まるなかで、次第に成り立つものとして受け入れられていきました。

いまでは、少なくともはっきりと有利・不利が表れにくい形質（例えばDNAやアミノ酸配列など）に関しては、「中立説は成り立つものである」という認識が普通になっています。

しかし、自然選択に中立である形質ならばともかく、形態のように、機能に直結する形質の進化において中立説は認められているとはいえません。機能を持っているということは、有利・不利がはっきりと表れやすいと考えられるからです。

ある形質が中立説に従って進化したのだということを証明するためには、その形質が有利でも不利でも「ない」ということが証明できないとダメだ、という考え方をする研究者も多いのです。

私自身、特別な機能が認められない形態形質と機能を持つ形質の進化を比較して、前者は中立的な進化をしたのではないかという論文を書いたことがありますが、まさに「自然選択で説明できる他の可能性があるかも知れないので認めない」

と却下されました。

しかし、これは問題のある考え方です。

なぜならば、科学の世界において「本当である」というためには証拠が「ある」ということを示すしかありません。「ない」ということを示すことはできないからです。「中立説の予測に従っている」という証拠を持つ主張に対して「他の可能性があるかも知れない」というのは全く不当な反論なのです。

たとえるならば「水星の近日点移動が相対性理論によって予測される」という結果に対して、未知の理論の可能性を考えていないからダメだ、と言っているようなものです。

観察された事実の説明仮説として「中立説」が排除されないのならば、とりあえず「中立説」を採用しておくのが適当だと考えられますが、「自然選択ではない原理で形態形質の進化が説明される」と認めたくないのかも知れません。

「適応万能論」は、まだまだ広く進化学者の心の中にはびこっているのでしょう。

形質が有利でも不利でもない時は「自然選択」の効果がゼロになるので、遺伝的浮動の効果だけで進化が進むということなのです。この意味では、進化を駆動する原理はひとつではないということです。

「遺伝的浮動」と「自然選択」。

「遺伝的浮動」では、遺伝子頻度を増やすか減らすかは偶然によるため、進化の方向を予想することは簡単ではありませんが、この二つの原理が拮抗《きっこう》あるいは同調して形質の進化方向を決めているのです。

進化には、少なくとも二つの原理が関わっている。

論理的にはこれだけのことですが、最節約原理のもと、なかなかそのように割り切れないのが人間であり、その人間により営まれているのが現在の科学です。

# 進化の原理と一神教

科学の世界では、多くの事実を説明できる論理が「一般性が高い」とされ優れた理論として取り扱われます。

例えば、アインシュタインの「相対性理論」は、ニュートン力学の対立仮説として取り扱われましたが、現在では、地球上という特殊な環境においては、「相対性理論」を構成する一部の要因を無視してもよいため、（地球上の物理法則では）ニュートン力学が成り立つことが明らかになっています。

つまり、地球上においては「ニュートン力学は、相対性理論の特殊なケースとして理解される」ということです。

このとき、様々な場合で成り立つ「相対性理論」のほうが、科学的には優れた仮説です。このように、仮説間に包含関係があり、どちらかの仮説が「上位仮説」である場合は、上位仮説がより一般的な仮説であり、科学的にはより正しい。しかし、計算の簡便化のために、「下位仮説を使っても問題がない局面」では、それを使うのも許されるという取り扱いです。

つまり、「地球上の物理現象を記述するためにはニュートン力学を使っても差し支えない」ということと同じです。

しかし、進化における「遺伝的浮動」と「自然選択」については、この考え方は当てはまりません。二つの仮説は、「一方が一方に包含される関係」ではなく、互いに独立して、遺伝子頻度の世代間変動をもたらすのです。選択は浮動の特殊な場合ではなく、逆もまた然《しか》りです。つまり、両方の原理は互いの作用とは独立に作用しているということです。

互いの原理は、独立に遺伝子頻度の変動（＝進化）をもたらします。そのため、「どちらが有利な仮説であるか」という問いについての、原理的な決着はありません。

にもかかわらず、例えば適応万能論者は、「自然選択が進化の主要因である」と主張したがり、中立説論者は、「自然選択はほとんど進化に寄与しておらず、遺伝的浮動がほとんどの進化を決めている」と主張します。

確かに、原理的な決着がない以上は、様々な進化現象のうち、どのくらいの割合が自然選択であり、どのくらいの割合が遺伝的浮動で決まっているのかを調べていくしか、実際の進化において、二つの原理のどちらが多数派なのかを示すことはできないでしょう。

しかし、それが示されたからといって、二つの仮説の優劣が決まる訳ではありません。無理やりにどちらかが主要因だと主張しても、もうひとつの仮説の論理が否定される訳ではないからです。

「適応万能論」が、一方的な願望の現れであるのと同様に、「自然選択と遺伝的浮動のどちらが進化の主要因か」という争いも、あまり意味のあることではありません。

科学においては、「それぞれの原理が生物の進化にどのように寄与したか」を知ることにのみ、意義があるのです。それでも、主導権争いが起こるのは、科学もまた人間の行為であるからだと思われます。

そもそも、科学というものは、キリスト教を信仰するヨーロッパの社会で始まりました。元々の動機は、神がお作りになられたこの世界が、いかに神の意志で素晴らしくうまくできているのか、神の偉大さを示すためだったといわれています。

ご存じのように、キリスト教における神は唯一神です。その意志により世界が作られたとするならば、その原理はただひとつのはずで、それを見つけ出すことに大きな意味があると信じられたのでしょう。

もちろん、時代が進むにつれて科学は神と決別しましたが、この「全てを説明できるただひとつの原理があるはずだ」という信念は、いまでも残っているのではないでしょうか。理系の人はしばしば「美しい」という言葉を使うと聞いたことがありますが、これはシンプルな論理で、現象がうまく説明できたときに出る言葉です。

また、現代の科学は「還元主義」であり、「できるだけ単純な要素の挙動だけで系が説明できるもの」を良しとしています。これはたしかに「美しい」ことなのですが、世界は必ずしもそうなっている訳ではないし、逆に複数の原理の相互作用によってしか説明できないような現象（進化はそのひとつです）は、ひとつの原理への還元主義ではうまく説明できません。つまり「美しくない」のです。

還元主義に立脚してきた科学は、このような現象を取り扱うのが苦手です。それが現代の科学の限界と言えるかも知れません。

いずれにせよ、キリスト教社会という一神教の文化から生まれた科学は、「複数の原理によって成立する複雑な現象を取り扱うこと」を嫌っており、「単純な還元主義に統一したい」という欲望を隠し持っていると言えるでしょう。

言い換えれば、進化とは遺伝子頻度の変動という一元的な尺度によって記述される（＝還元される）のだ、という思想（還元主義）に支配されているのです。

進化に関していえば、自然選択と遺伝的浮動という二つの異なる原理の綱引き、というのが現実の姿であり、どちらも遺伝子頻度の世代間変化をもたらす、異なる「原理」です。

よくも悪くもこれが現在の「進化論」の姿です。

それでは未来の「進化論」はどのようなものになっていくのでしょうか。

いくつかの具体例を挙げながら、「生物が示す現象がどのようなものとして説明されるのか」を示すことで、「進化論」の未来について考えてみたいと思います。

Part Ⅲ

# 進化論の未来

Dawkins
Hamilton

# 進化のレベル――遺伝子、個体、集団

これまで、「現在、進化がどのように理解されているか」を見てきました。

まとめると、以下のようになります。

一．ＤＮＡの遺伝情報である塩基配列に変化が起こり、遺伝的変異が集団中に生じる。

二．その変異が自然選択と遺伝的浮動のどちらかあるいは両方の作用を受けて、次世代の遺伝子頻度に変化が生じる。

三．どちらかの作用で集団中に遺伝子が固定されることにより、集団として新しい形質に置き換わっていく。

さて、この時に、「生物の集団の作られ方」を考えると、進化、特に自然選択がかかる対象は、階層的に重なったいくつかのレベルに分けられることがわかります。

まず、遺伝子のレベル。すでに述べたように、遺伝子はＤＮＡの塩基配列であり、タンパク質を形作るアミノ酸配列が指定されています。そのタンパク質が酵素その他として、生物の形質を作り出します。

つまり、「ひとつの遺伝子が生物のある特定の機能を担っている」ということです。自然選択は機能を持つものに対してのみ働きますから、遺伝子は自然選択の対象です。

もちろん、現実には生物に現れる表現型が選択対象となります。しかし、その結果、表現型を決めている遺伝子が増えたり減ったりするので、遺伝子が選択されているともいえるのです。

「遺伝子こそが進化を担う実体である」という考え方の起源は意外と最近です。元祖は有名なイギリスの進化生物学者リチャード・ドーキンスです。順序が前後しますが、一九七六年、ドーキンスは、常識のように考えられていた「個体が進化の単位である」という説に対して、『利己的な遺伝子』という本を書くことで、真っ向から異議を唱えました。

表現型選択により、子どもを残したり死んだりするのは個体であるかも知れないが、選択にかかる形質は遺伝子により決定されている。最終的に何の増減が進化を記述できるのかといえば「遺伝子を進化の実体とする以外にない」という主張です。

ドーキンスは強硬で、個体や集団が選択の単位であるという考え方は、進化を理解する上で糞の役にも立たず、ただひたすらに、遺伝子に還元して考えることだけが正しい道だと強調しました。もちろん、最初は激しい論争が繰り広げられましたが、ドーキンスの捉え方でないと説明できない現象というものが確かにあり、次第に彼の考え方は一般化していきました。

例えば働きアリや働きバチ（＝ワーカー）は子どもを残さないので、ダーウィンの『種の起源』の中でも、「進化論で説明できないかも知れない例」として示されているほどの〝問題児〟でした。

しかし、ほとんどの種類では、女王アリとワーカーは親子です。遺伝子という観点から見ると、自分では子どもを残さずに働くという性質は、女王とワーカーで高い確率で共有されています。女王を通して次の世代にその性質を司る遺伝子が伝わるので、遺伝子をベースとしたダーウィニズムの考え方で説明できるのです。

この発見は、イギリスの進化生物学者W・D・ハミルトンによるものですが、ドーキンスは『利己的な遺伝子』の中で、このような例を多数挙げて、遺伝子をベースに理解したほうが、進化をよりよく記述、理解できると説きました。

こうして、進化の単位に「遺伝子」というレベルが加わりました。

さて、形質とは、通常、遺伝子が発現してできた表現型のことを指します。「ある生物がどのくらい子どもを残せるのか」は、足が速いとか、より効率よくエサを食べられるといった、〝個体〟が持つ性質によって決められていきます。

したがって、最終的に増えたり減ったりするのは形質を司る遺伝子であったとしても、実際に選択を受けるのは「個体」なのです。このことから、進化の単位は「個体」であるという考え方は広く受け入れられてきました。個体は遺伝子が発現した形質の集合体として、様々な機能を担う実体だからです。

ここで寄り道をして、進化の単位が持っていなければならない性質について考えてみます。例えば「右腕」など個体の一部が選択されると考える人はいないでしょう。しかし、「右腕の性質を決めている遺伝子」ならば、選択されているとしても不自然ではありません。もちろん、「個体」が選択されるのはごく自然なことです。

それでは、この差はどこから来るのでしょうか。つまり、私たちが「進化するもの」として捉えているのは、特定の機能を果たす「ひとまとまりのもの」であることがわかります。

極端な遺伝子還元主義者であるドーキンスですら、特定の塩基座ひとつひとつが進化の単位であるとは言いません。塩基座ひとつひとつが変化した時に、遺伝子全体を指定するタンパク質の機能が変化する。つまり、変化するのは遺伝子が担う「機能」であり、この「まとまりの概念」がないと、「進化するもの」として捉えることができないのです。

観念的な話をしていますが、このことは意外に重要です。機能を担う実体であるため、私たちは個体が進化の単位であると認識しています。ドーキンスが「遺伝子ベースの進化論」を唱えるまでは、「個体ベースの進化論」が何の疑問もなく受け入れられていたのです。

進化の単位は機能を担う実体。これが「進化するものとは何か」に対する答えです。しかし、これは私たち人間が、進化の過程で身に付けてきた適応なのか、それともどんな知性体でもそのように認識するのかはわかりません。人間も長い歴史の中で自分たちを襲う他の生物から逃れて生きてきたので、機能を担う統一的な実体を、ユニットとして認識するほうが生存に有利だったのかも知れません。

こういう話は楽しいのですが、答えはいまのところわからないので、この辺にしておきます。私たちが、人類とは独立に進化した知性体と出会ったときに初めて、私たちの理解に一般性があるものなのかがわかるのかも知れません。

それはさておき、個体をベースにした進化という考え方は、実はダーウィンから始まっています。かつては「種」が進化の単位であると考えられてきました。そこへダーウィンが、「種」は個体が選択された結果として生じるものであり、「種」自体が進化するのではないという考えを持ち込んだのです。

『種の起源』というダーウィンの著書は「進化」について論じた本ですが、「種」が進化するとか「種」とは何かについては書いていません。むしろ、ダーウィンは「種」の実在性を主張する当時の分類学者たちと厳しく対立し、「種とは何であるか」について激しい論争をかわしているのです。

それでは、「種」は進化の単位になり得るのでしょうか？　私はそうは思いません。

例えばクロヤマアリという種類は日本中にいますが、移動力はさほど大きくありません。そのため、九州のクロヤマアリと北海道のクロヤマアリは互いに関わらないで生きています。

また、進化する実体は「機能を担う実体」である必要があります。しかし「種」は特定の機能を持ち、他のものと相互作用することができるものではない。したがって、進化する実体にはなり得ません。ダーウィンの主張のように、かつては個体の選択により形作られた「種」が、分布を拡げることで見せている残像のようなものでしょう。

では、いかなる場合でも個体を超える集団は進化の実体（選択を受ける単位）にならないのでしょうか。これにも「NO」と答えなければなりません。例えば、アリの仲間には、兵隊アリという大型のワーカーを持つ種類がいます。兵隊アリは、普通の働きアリができないような仕事（大きな食べ物を嚙み砕くなど）を効率よくこなすことができる特殊な個体です。

この時、集団全体（コロニー）が最も効率よく仕事をこなすためには、最適な兵隊アリの割合というものがあるはずで、実際にいくつかの種類では最適な割合になっていることが示されています。

「兵隊アリの割合」という形質は個体のものではなく、コロニーができて初めて表れる、いわば集団レベルの表現型です。「最適な兵隊アリの割合」が実現されているということは、コロニーレベルで自然選択が働き、コロニーの機能が改良されるように進化が起きた結果だと考えられるのです。

アリやハチのコロニーは、他のコロニーと競争する機能的な実体です。「兵隊アリ率」は、その機能の表現型に他なりません。したがって、機能を持つ実体となっている場合には、集団も選択の単位となり得ることが理解できます。遺伝子・個体・集団。これまで、選択がかかる単位として三つのレベルを挙げてきました。

先述したように、選択にかかる実体（遺伝子や個体などの機能を担う実体）とは、「機能を発揮するまとまり」です。ですから、この三つしかない訳ではないでしょう。私たちが考えたことがないだけでもっとあるのかも知れません。

また、このような単位は階層的に配置されているので、それぞれのレベルの間で相互作用があるはずです。例えば、遺伝子が変化すると個体が変化し、個体が変化すると集団の構成が変わります。そして上位の階層が選択を受けると、下位の階層の構成も変化する。

未来の「進化学」は、このような複雑性を考慮しつつ、「自然」を理解していく必要があるでしょう。

# 「説明できる」とはどういうことか？

ダーウィンは「自然選択説」を唱えました。また、メンデルの「遺伝法則」や「突然変異」の発見がありました。そして、遺伝子であるＤＮＡに起きた変化が「自然選択」によって適応をもたらす、という「総合説」ができあがりました。また、「遺伝的浮動」も含めて、進化は遺伝子頻度の変動として記述・解析できるという認識が広がってきたことも示しました。

以上の認識に基づいて、「集団の中の遺伝子頻度がどのように変化するか」を考える学問が「集団遺伝学」と呼ばれる分野です。たしかに、複雑な進化の力学を遺伝子頻度の変動というただひとつの尺度で理解することができるので、学問的には便利です。ドーキンスの布教活動もあり、「進化を遺伝子頻度の変化として捉える」という見方は、現在の進化学でも一般的なものとなりました。

しかし、生物の示す生態現象を理解するという立場からは、「遺伝子頻度の変動」を進化に還元することには問題があるケースもあるのです。

私の専門のひとつは、ハチやアリのような社会を構成する生物の行動ですが、ある問題に関して大きな論争が起こっています。

ハチやアリは、女王だけが子どもを産み、ワーカーは子どもを産まずに働きます。

ワーカーは、女王と血縁関係にあることから、子を産まずに女王を助けるというワーカーの行動を発現させる遺伝子が、女王を経由して次世代に伝わることにより進化するのだと解釈されてきました。

もちろん、女王とワーカーが協力した場合、「女王を通して次世代に伝わるワーカーの遺伝子量」は、自分で子どもを産むのを止めることで減った分を補ってあまりある（単独でやるより社会を作るほうが有利になる）ことから進化するのです。

この考え方を「血縁選択」と呼びます。

「血縁選択」を最初に考えたハミルトンはこれを定式化するために、他人のために尽くす個体の遺伝子伝達量（＝適応度）を記述する場合、自分が残した遺伝子量に加えて、自分が助けた相手由来の遺伝子量を考えなければならないと説きました。

自分が助けた相手の変化分を考えた適応度を「包括適応度」と呼びます。相手経由での適応度（間接適応度）の値を考えるためには、相手が残した遺伝子の数を、相手とどのくらいの血縁の近さがあったかで割り引いて考えなければなりません。

この数値を「血縁度（ｒ）」と呼びますが、相手が自分のクローンならｒ＝1.0です。

相手が増やした遺伝子量のうち全てが自分の利益になる「親」ならば、ｒ＝0.5となり、半分が自分の利益になるという具合です。

現代の進化仮説はある遺伝子について適応度を決めて、その遺伝子とそれ以外の形質をもたらす遺伝子のどちらが高い適応度をもたらすかを比較し、適応度の高いほうが進化すると予測します。

したがって、「血縁選択」を考えると、自分が子どもを産まなくなるという社会性の進化を自然選択の枠組みの中で理解することができます。ドーキンスが提唱した遺伝子ベースの考え方を先取りしていたといえるでしょう。

しかし最近では、ワーカーと女王という複雑な相互作用を考えなくても、集団の

## ◆血縁選択

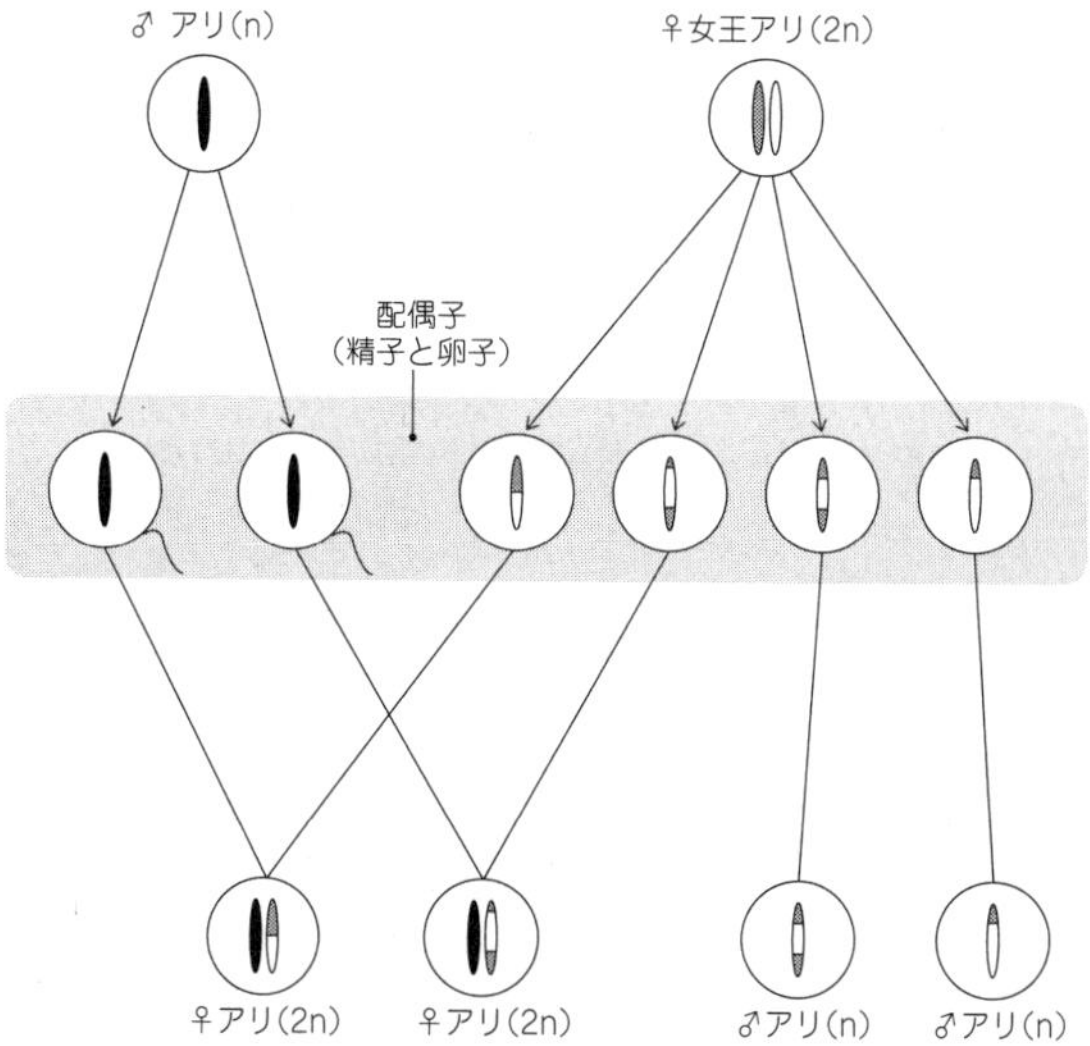


単数倍数性の性決定生物では、ゲノムを1つしか持たない1倍体の卵（未受精卵）はオスに、2倍体の卵（受精卵）はメスになる。そして父親のゲノムは全て子どもに伝わる。したがって娘同士の場合、父親由来の半分のゲノムは共通で残りの半分のさらに半分が共通となり、都合$\frac{3}{4}$のゲノムが共通となる。自分で娘を産む場合、伝わるゲノムは$\frac{1}{2}$なので、メスから見ると、自分で娘を産むよりも、妹を育てるほうが遺伝子が伝わる度合いが高くなる。

中での社会性の遺伝子頻度を親と子の世代で比較すれば、進化の方向はわかります。

そのため、このような複雑な取り扱いは無駄なだけだという議論がなされているのです。つまり、ダイレクトに遺伝子頻度だけを記述すればよく、進化を考える時に、複雑な相互作用とその力学を考える必要はないという議論です。

対抗する意見は、血縁選択の枠組みこそ、現象の理解に不可欠なものだというものです。

二つの見解の間では、過去十年以上激しい議論が交わされています。関係する論文だけで一〇〇本くらいは、あるのではないでしょうか。

激しい対立が起こる理由は、何が示されたら「説明できた」とするのかに関する見解の違いがあるからだと感じます。

「遺伝子記述派」は、遺伝子ベースの観点から、進化の方向がわかれば進化学として知るべきことは明らかになっているのだから、どのようにしてその変化が起こったのかを知ることは重要ではない、という考え方に立っています。

それに対して「血縁選択」を論じる人たちは、無意識のうちに個体レベルで考えており、個体同士がどのような相互作用をするのかを知ることにより、ある遺伝子の挙動がどのような力学によって変化しているのかが初めて「説明されたことになる」と考えているのです。

二つの見解は、論理としてはどちらも否定することができません。したがって、どちらのほうがより生物に関する深い理解をもたらすかという判断をしなければなりません。

私の立場は、後者です。遺伝子頻度の世代間変化は、たしかに進化の方向や量を記述しています。しかし、すでに見てきたように、わかっているだけでも遺伝子頻度の変化をもたらすメカニズムは自然選択と遺伝的浮動の二つがあります。

したがって、遺伝子頻度の変動をいくら見ても、それがどのようにして起こったのかは「わからない」のです。生物が示す現象を理解する（＝説明する）ことが科学の役割だという視点に立てば、どのようにそのような変化が起こったのかを知る必要がないという態度は科学の否定に思えます。

そもそも、自然選択の単位の話で見てきたように、遺伝子は直接選択を受ける訳ではなく、それがあらわす形質を持つ個体が増減することで、遺伝子頻度が変化するのです。

そうであれば、個体のレベルである力がかかった結果として、ある形質を持つ個体の増減が起こり、遺伝子頻度が変動する理由が明らかになるほうが、生物の進化現象のより深い理解につながるでしょう。

たしかに、生物に対する選択のかかり方は実に様々であり、ひとつのメカニズムで説明できるものではありません。「還元主義」の立場で考えるとき、より多くのことを説明できる原理が重要なものであるとすれば、遺伝子頻度の変動という多くの進化に共通する項を抜き出して「説明できただろう」という気持ちになるのはわかります。

しかし、生態学や進化学の重要な役割は、この世界の生物の驚くべき多様性を科学的に説明することです。根本的な課題に目をつぶって過度な単純化を試みても、実り多きものにはならないのではないでしょうか。

さて、哲学的な話はこれくらいにして、ここからは「進化論」の未来を変えるかも知れない具体例について話していきましょう。「総合説」を基盤にした遺伝子ベースの現在の「進化論」では取り扱えないかも知れない、あるいは、現在の考え方からはみ出す生物の様々な現象を見ていくことで、「進化論」の未来の姿も見えてくるでしょうから。

進化学の重要な
役割は、生物の驚くべき
多様性を説明すること

# 湖のプランクトンの多様性が維持される理由

ダーウィンの「自然選択説」を要約すると、「二つの異なる遺伝的変異体は、どちらがより子どもを残しやすいかという競争をしており、この能力に優れたほうが生き残り、劣ったほうが滅びる」というものです。

競争は、足の速さ、力の強さ、飢えに耐える力など様々な形質において行われますが、結局は、「子どもをどれだけ残せるか」という観点に還元されて評価される訳です。ダーウィンのこの考え方は「競争的排除」と呼ばれ、「自然選択説」の大原則として認識されています。

たしかに、狭い空間において、変異体の間に相互作用がある場合には、この説は正しいように思えます。実際に、ゾウリムシを用いた実験では、ゾウリムシと捕食者を水槽に入れると、ゾウリムシは一時的に増えるものの、やがてはゾウリムシを食べて増殖した捕食者に食べられてしまい、減少し、絶滅することがわかっています。

「競争的排除」を示した有名な古典的な実験ですが、ゾウリムシが絶滅した後は、捕食者も食べるものがなくなり絶滅するのです。したがって、単純な「競争的排除」では、数多くの生物が共存している自然の現象を説明できません。

なぜ、自然界では多数の生物が共存できるのでしょうか。

ゾウリムシ・捕食者の系では、もうひとつの実験が行われています。隠れ場所となる障害物を水槽に入れると、いままで絶滅していたゾウリムシが生き残るようになるのです。捕食者も絶滅せず、両者の共存が起こります。

隠れ場所ができると、捕食者の「ゾウリムシ発見効率」が落ちるため、生き延びるゾウリムシが出てきます。すると、両者がいつまでも滅びずに共存するのだと解釈されています。自然環境は複雑であり、被食者を絶滅させるような、高い効率の捕食を起こさせない構造がある、と考えられています。

百獣の王ライオンでさえも多くの狩りに失敗することは、テレビ番組などで紹介されているとおりです。つまり、「環境の複雑性」により競争が緩和されて、両者が共存するのだと解釈されています。この場合、両者の間に競争は「ある」が、「競争的排除」を完成させるほどには強く働かないと考えられているのです。

それでは、さらに多くの種類がひしめき合う場合でも、同様の原理により多様性は維持されるのでしょうか。最近、この観点から面白い仮説が提出されました。湖にはたくさんの種類のプランクトンがいますが、「プランクトンの多様性はなぜ維持されるのか」という問題を扱った研究です。

湖は閉鎖空間だと考えられますから、各種類の間では競争が行われていると想定されます。「食う者―食われる者」の関係ならば、環境の複雑性が競争を弱めることも考えられますが、競争には様々な形があります。そこで一元的に処理するため、相互作用があった場合、競争の強さに応じて子どもの残しやすさが増減するとします。

さて、この研究が面白いのは、「プランクトンの移動力は無限ではない」と考えている点です。つまり、湖の中で自由に相互作用が起きるのではなく、各種類のプランクトンの個体は近くにいる個体とは相互作用できるが、湖の反対側の競争者とは出合わないだろうと仮定しているのです。

これは現実的な仮定です。湖は、人間にとってはさほど大きな空間ではないかも知れませんが、ちっぽけなプランクトンにとっては巨大な空間です。人間でも地球の反対側に住んでいる人とは、ほとんど相互に出会うことはないでしょう。それと同じことです。

さて、このとき、空間の大きさを無視して、二個体のプランクトンを任意に抜き出して相互作用させる（距離が近くても遠くても同じ確率で出合う）というシミュレーションを行うと、「ほんの少しの種類しか共存することができない」という結果になりました。

その一方で、距離に応じて出合う確率を小さくするというシミュレーションでは、湖全体では、「はるかに多くの種類が共存する」という結果になったのです。

これは、「距離に応じて出合う確率が変わる」という後者の状況では、互いに出合わない（競争しない）種類が多くなり、局所的には「競争的排除」が起こりますが、「全体としては多くの種類が共存するようになる」と解釈できます。「競争的排除」が起こっても、全体としては多様性が維持されるのです。

人間は、人間のサイズの尺度で空間が広い、狭いという判断をします。しかし、人間の尺度では「狭い」と判断される湖も、プランクトンにとっては互いに出合わないほどに「広い」ということです。また、人間のような大型で移動力の大きな動物でも、大陸規模や地球規模で見れば同じことが成り立つといえます。

空間全体の多様性の維持には、従来考えられていたように「競争のあり方」が問題なのではなく、「空間のスケールが影響を与えている」というところが新しい視点です。

この考え方は、「競争は常にあり、それにより集団の多様性が説明される」という競争還元的な考え方とは全く異なるため、なかなか受け入れにくいかも知れません。

しかし、現実に存在する多様性を説明する仮説としては、少なくとも論理的には正しいものです。これまでの決定論的な考え方とは異なるとしても、検討に値するものです。この仮説が実際に成立するかどうかは、未来の進化学の課題となるでしょう。

湖は
小さなプランクトンに
とっては巨大な空間
なんだね

# なぜ労働しないアミメアリは滅びないのか？

アリについて話しましょう。

働きアリは、自分では卵を産まず、コロニー全体のために働く性質を持っています。自分が子どもを産まないという性質の進化については、本書の中で説明しました。

要するに、働きアリが子どもを産まず働くことで、母親である女王アリがたくさんの子どもを産むのならば、自分が子どもを産まなくても、働くという遺伝子は母親経由で次世代に伝わるからです。

通常のアリは、女王アリがいて、子どもを産まない働きアリがいるのですが、これから紹介する「アミメアリ」は一風変わったアリです。

女王アリがいないのです。

それでは、子どもは誰が産むのでしょうか？

全ての働きアリが少しずつ子どもを産むのです。つまり、全ての働きアリが労働し、しかも卵を産むのです。このようなアミメアリでは、大型の働きアリが見られるコロニーがあることがわかっていました。

大型働きアリには、額に小型働きアリにはない三つの単眼があるため、区別は簡単です。しかし、「大型働きアリが何者であるのか」については、長い間わからないままでした。しかし、ここ二十年ほどの研究により、このアリは世にも奇妙なシステムを持つことが明らかになったのです。

大型働きアリは、小型働きアリに比べてたくさんの卵を産みます。そもそも、卵を作る卵巣の本数そのものが多いのです。

さらに、小型働きアリは幼虫の世話やエサ集めなどの仕事をきちんとやるのですが、大型働きアリは全然仕事をしません。ただ、エサを食べて卵を産むだけです。

大型働きアリから生まれた卵は大型働きアリに、小型働きアリから生まれた卵は小型働きアリになるので、この差は遺伝的なものと考えられました。後に、この仮定は正しかったことがわかります。

以上の事実から、アミメアリの大型働きアリは、小型働きアリの労働を利用して自分の子どもを育てさせる寄生者（チーター）であると考えることができます。このように、コロニーの労働力に寄生する「社会寄生」と呼ばれる現象は、様々なアリで見られており、それほど不思議なことではありません。

例えば、サムライアリは、近縁種のクロヤマアリの巣に押しかけて、サナギや成長した幼虫を強奪していきます。そして、羽化したクロヤマアリたちは、サムライアリのコロニーを維持するために働くのです。サムライアリのワーカーの顎《あご》は、サナギを運びやすいように形が変化しているので、ものを嚙み砕くなどの通常の労働はできません。彼らは、巣の労働を完全にクロヤマアリに任せていて何もしないのです。

他にも、女王が結婚飛行した後、別の種のアリの巣に入り込み、相手の女王を殺して、残った働きアリに自分のワーカーを育てさせる種類や、相手の女王を殺さずにずっと自分の羽アリだけを育てさせる種類もいます。

しかし、アミメアリにはひとつ不思議なことがあります。

アミメアリの場合、チーターは全く労働をせず、小型の働きアリよりも多くの卵を産みます。その結果、大型働きアリがいるコロニーでは、徐々に大型個体の割合が高まり、最後には大型個体だけになってしまいます。

時間あたりの増殖率が異なる二つの遺伝タイプが存在しているので、これは典型的な「競争的排除」であると考えられます。しかし、大型働きアリの割合が高まると、コロニー全体の生産性は下がります。大型働きアリは働かないからです。するとと、最後には、コロニーが絶滅するでしょう。チーターがコロニー間を移動しないとしたら、入り込んだコロニーが絶滅するとチーターも滅びてしまいます。チーターである大型働きアリは、コロニー間を移動し、まるで病原菌のように、健全なコロニーにいわば感染するのでしょう。この場合、感染力があまりに強いと、全てのコロニーにチーターが感染して全部が滅びてしまい、やはりチーターの系統は長続きできません。

しかし、アミメアリでは、数十年以上も大型働きアリが普通に見られる場所があります。なぜ、そのようになっているのかは、わかりませんでした。

しかし最近になって、面白いことが明らかになりました。数多くのコロニーが存在する集団の中で、チーターがコロニー間を移動するというモデルを考えて、チーターの移動力を変更したシミュレーションの結果、チーターの移動力がある範囲の時だけ、共存が起こるということがわかったのです。

感染力が低すぎると、感染したコロニーだけが滅びてチーターも絶滅します。逆に感染力が高すぎると、全てのコロニーが感染して集団全体が絶滅してしまうのです。その中間のある範囲の時だけ、感染したコロニーが滅びることで生まれた空き地に健全なコロニーが入ってくるスピードと、チーターが感染して広がっていくスピードが釣り合うために、「共存が可能になる」のです。

重要なのは、「集団中に複数のコロニーが存在している」という点と、「チーターは近傍のコロニーにだけしか移動できない」という二点です。

このような集団を専門用語で「構造化されている」と呼びます。「全ての個体がランダムに、空間上のどこにいる個体とも同じ確率で相互作用できる」という「構造のない状態」と比較して、このように呼ぶのです。この「空間構造」の存在が、アミメアリのチーターが長期間にわたって、通常タイプと共存することを可能にしています。

これまでの「進化論」では、個体が相互作用する集団はひとつであり、「構造がない」という前提がありました。しかし、このアミメアリの話は、自然界で起こっている現象はそんなに単純なものではないということを示しています。

先述したプランクトンの多様性と同様に、空間の大きさに対して生物の移動力などが制限されているために「空間構造」ができるのです。この観点を取り入れたときに初めて、いままでの進化の考え方では説明できなかった現象が、説明可能になります。

現在の進化論は、決して完成されたものではありません。

「私たちがいまだに気がついていない原理が働いている」という例は、今後も見つかっていくでしょう。もっとも、そういうものがひとつもなくなったら、進化学者の仕事もなくなるということなのですが――。

# 君がいないとやっていけない――共存の力学

「自然選択説」では、「競争関係にある生物が複数いるときには、一番競争力の強い一種だけが生き残る（適者生存あるいは競争的排除）」と考えられてきました。しかし、自然界では、同じ場所によく似た生物が複数種分布していることは普通に見られます。

これらの「共存種」は、どうして共存していられるのでしょうか。

まず、性質が似た種類が同じ場所にいる場合をよく調べてみると、利用している環境が微妙にずれており、競争が起こりにくくなっていることが観察されるのです。

古くは、「種が進化の単位である」という意見を持っていた今西錦司《きんじ》博士によるカゲロウの研究で示されました。川の岸から流心まで微妙に形態の違うカゲロウの種が連続的に棲《す》んでおり、ひとつの川の中で、競争が起こらないように利用場所を変えていました。

今西博士はこれを「棲み分け」と名付け、種が生き残るために競争をしないように進化したのだと解釈します。

しかし、「自然選択説」の観点から見ると、この現象は環境利用が似た競争的な二種類が出合ったときに、「まともに競争にさらされるような形質を持ったタイプ」と「競争を緩和するような形質を持ったタイプ」がいる場合は、後者のほうが競争にコストをかけないで済む分だけ、前者よりも適応度が高くなります。

そのために、それぞれの種類の中で、互いに競争が緩和されるような形質が進化したからだと説明できるのです。

つまり、個体レベルの自然選択が働いた結果、棲み分けが生じたということであり、環境利用が同じ種類は、やはり「競争的排除」によって、どちらかが絶滅するのだということです。

それでは、競争的な関係にある複数の種は、棲み分けが起こらない場合には必ず互いを排除する結果になってしまうのでしょうか。

例えば、ゾウリムシと捕食者の関係を思い出してみましょう。

捕食者は、ゾウリムシを食べて増殖するので、この二つは競争関係にあるといえます。旧ソ連の生態学者ゲオルギー・ガウゼの実験では、何も障害物のない所で一緒にすると、捕食者がゾウリムシを食べ尽くして自分たちも滅びるという結果になりました。「競争的排除」が起こった結果、勝ち残った種類も存続することができないのです。ここから、競争する相手がいないと、自分も存続することが不可能であるような状況が存在するということがわかります。

捕食者の中に二つのタイプがあり、ゾウリムシの発見効率が高くてすぐに食べ尽くしてしまうタイプと、発見効率が低くていくらかのゾウリムシを見逃してしまうタイプがいるとします。

捕食者として後者のみがいる場合、ゾウリムシは絶滅しないので系全体が存続しますが、前者が捕食者である場合、系はすぐに続かなくなります。

ここでも、短期的な発見効率（すなわち増殖率）が高いほうが適応度は高いのですが、「長期的な存続性」という観点からは不利であるという状況が明らかになっています。アミメアリの大型チーターと小型ワーカーの関係によく似ていますね。

こういう場合にどのような進化が起こるのかはまだ解析されていません。

最近、棲み分けとは異なるメカニズムで多種の共存性を考える視点が報告され始めました。例えば複数のカエルの種が同じ池にいる場合は、生息場所の種の多様性が高いほど、あるカエルが寄生虫に感染している率が低くなるという結果が報告されています。

カエルは似たような生態をしているので、それらの種類は競争関係にあると考えられますが、その競争相手がいるときにのみ、寄生虫の感染から逃れられるのです。考えられるのは「他のカエルがいると、寄生虫が特定の種と出合う確率が減るために感染率が下がる」というメカニズムです。

他の種類のカエルがいることで、寄生者の寄生（捕食）圧が「薄められ」ます。これを「薄めの効果」と呼びます。当然ですが、「薄めの効果」を得るためには、他の種類の存在が必要条件です。

したがって、ある遺伝タイプが競争を勝ち抜いて勝利すると、捕食を一手に引き受けることになり、「ある程度の競争者の存在を許すタイプ」よりも、不利になってしまうのかも知れません。

「自然選択説」は、「自分」と「少し異なる競争者」の二つしかこの世にいないという非常に単純化した状況を考えていますが、実際の自然はもっと複雑です。「食う者—食われる者」の関係がごく普通に見られる自然の中で、多種との共存すなわち「多様性」が、相手の存在を必要とするがゆえに維持されている。このことは、進化を理解するうえで新しい重要な観点でしょう。

またここでも、「個々の遺伝タイプの瞬間的な増殖率を高めて競争に勝とうとする戦略」は、最終的には生き残ることができないという観点が出てきました。そのようなタイプは、「短期的な増殖率が低くても長期的な存続性が高いタイプ」と競争した場合に、単純な条件では必ず勝つのですが、実際の世界では彼らだけが生き残っているとは思えません。

そうすると、生物が生きる環境には、短期的な増殖率を高めることを進化させずに、長期的に存続しやすいタイプを生き残らせる「何らかのメカニズム」が隠されていると考えるべきなのかも知れません。

事実として、これまで地球上に出現した生物の「種」のうち、九九・九パーセントは絶滅したのです。

もしかすると、絶滅を回避するリスクヘッジは、「短期的な増殖率」という現在の進化論で主流とされている選択圧よりも、はるかに大きな選択圧として、生物に働いているのかも知れません。

それを明らかにしていくことこそが、新しい進化学の使命でしょう。

# カブトエビの危機管理

「総合説」も含めて、現在の「自然選択説」では、「適応度」という概念が最も重要なものとなっています。

二つの遺伝タイプがある時、その環境で有利なものが頻度を増すというのが自然選択の根本です。この時に有利とはどういうことでしょう。競争に強いという意味ですが、強いとは？

捕食者から逃れるためならば、足が速いとか、水中で効率よく活動するためにはヒレがよいとか、競争の形は様々です。しかし、適応進化を考える時は、持っている形質の差、例えば足の速さによって「適応度」が異なり、「適応度」の高いほうが有利だと考えるのです。

具体的には、「適応度」とは何であると考えられているのでしょうか。それは、生物が次世代に伝えた、形質を支配する遺伝子（ＤＮＡ）のコピー数です。

二つの遺伝タイプのうち、この値が高いほうが頻度を増していくことは明らかですね。

その形質が存在することで、次世代への「遺伝子伝達コピー数（適応度）」がどのようになるかを考えて、適応度の高いほうが進化する。この考え方を採用することで、複雑な形質の進化を単純化し、モデル化することが可能になりました。

ここで「適応度」は、「次世代に伝えられた遺伝子コピー数である」と考えていることに注意してください。そうだとすると、なるべくたくさんの子どもを産んで、伝わる遺伝子の数を多くするほうが有利である、ということになります。

しかし、時にはそう単純ではない場合があるのです。


カブトエビという節足動物の繁殖戦略について見ていきましょう。

カブトエビは、水の中で成長する生物ですが、乾燥した場所に住んでおり、時折降る雨によってできた水たまりで発生・成長して、産卵します。乾季に水が干上がった時は、卵の形で休眠して、次の雨が降るのを待つのです。

さて、雨によってできる水たまりは不安定な環境です。雨が少ししか降らなかった時は、すぐに干上がってしまいます。この時に、カブトエビはどのような繁殖戦略を採るべきでしょうか。

もし、卵が次の降雨時に全て孵化するとします。通常の生物はこういう卵を産みます。次に好適な条件が整った時に孵化するようにプログラムされているのです。

しかし、カブトエビの場合は、全ての卵が一斉に孵化するようにプログラムされていると、降雨量が少ないときには、子どもの成長が完了して産卵する前に水たまりが干上がってしまう可能性があります。そうなると子どもは全滅です。親の適応度はゼロになってしまいますね。

しかし、カブトエビには、次に降る雨が子どもの成長に十分な水たまりを作るかどうかはわかりません。

では、どうすればいいでしょうか。

実際には、カブトエビが産む卵の中には、一回濡れると孵化するもの、二回濡れると孵化するもの、三回のもの、もっと多いものと様々なものがあるのです。

そうすることで、一回目の雨で孵化した子どもが全滅したとしても、二回目に十分な量の雨が降れば、遺伝子を将来の世代に伝えていくことができます。

何回かに一回は十分な雨は降るでしょうから、子どもの孵化に必要な濡れる回数をばらつかせておく遺伝子型を持つ親は、自分の遺伝子を確実に将来の世代に伝えていくことができるのです。

このような戦略は、例えばルーレットをやる時に、自分がすっからかんになることを防ぐために赤と黒の両方に同時にかけるようなやり方（両掛け）に似ています。そこで、カブトエビの繁殖戦略のようなやり方は「ベット・ヘッジング（両掛け）戦略」と名付けられています。

もちろん、このような掛け方をすれば、必ずいくらかはもらえるのですが、いくらかは必ず損をするので、大きく儲けることも難しくなります。

この点、カブトエビのやり方はどうでしょうか。

全ての卵が一度濡れただけで孵化するとしたら、その一度で子どもが次の産卵までに成長することが可能であれば、次世代に多くの遺伝子を伝えることができます。その子どもたちは、また次世代に数多くの卵を残すでしょう。この条件では、一度に卵を孵化させる戦略は、適応度が高いように思えますし、常に子どもが産卵まで育つことができる安定した環境ならば成立するでしょう。

カブトエビのやり方では、一年ごとに孵化する子どもの数は、全ての卵を一度に孵化させるよりもどうしても少なくなります。常に子どもの成長が保証されるような安定した環境では、卵は一度に孵化するほうがいいのです。

カブトエビの繁殖戦略は短期的な利益は少ないのですが、いつ好適な環境になるかわからない以上、全ての卵を一度に孵化させてしまうのはリスクが大きすぎます。万一、その時が不適な環境であれば、次世代に伝わる遺伝子量はゼロになってしまうからです。

おわかりでしょうか。

カブトエビは、極めて不安定な環境で適応度を得る効率よりも「長い時間滅びないという戦略」を選んでいることを意味しています。生物は一度滅びてしまうと復活することができません。

したがって、通常の適応度が高くても滅びるリスクが大きい場合には、「滅びない」ということが大変に重要な問題となるのです。「適応度」の考え方が普通とは違ってきていますね。

「直近の世代でいかにたくさん増えるか」という従来の適応度ではなく、「いかに滅びないか」という尺度で進化が起こっているのです。

このような「リスクマネジメント」の観点は、従来の「進化論」では軽視されてきました。というよりも、このような観点が必要となる環境があるとは考えられていなかったのです。

しかし、カブトエビと同様の戦略は他の生物でも見られます。

例えば、乾燥地に生える植物は全く同じやり方を採用しています。同じ個体が生産したタネの中に、「何度水につかると発芽するか」が異なるものが含まれているのです。やはり、全てのタネを一度に発芽させてしまうと、その年が芽生えの成長に不適な気候だった時、取り返しがつかないからだと解釈されています。

「ベット・ヘッジング」が必要な環境とは、私たちが想定するよりも多いのかも知れません。と同時に、「短い時間での繁殖効率に目をつぶっても長期的な存続を優先させなければならない」という、いままでの「適応度」に基づいた進化の理解とは異なる原理が、未来の「進化論」には必要となるでしょう。

# 適応度と時間と未来の進化論

「適応度」の概念は、適応進化を理解するのに大変役に立ちましたが、その定義ゆえに、ひとつの大事な要素を見えなくさせてしまいました。

それは時間です。

現在の「進化論」で使われている「適応度」の定義は、次世代に残す遺伝子のコピー数でした。よく考えると、ある遺伝子を持つ個体の適応度を定義しようとすると、どうしても、ある時間が経った後にしか定義できないことに気付きます。

個体は、いまこの瞬間に、残す子どもの数が決まる訳ではなく、それが決まるのは子どもを残した後なのです。ということは、いかなる形であれ、時間というものを取り除いた形で「適応度」を定義することはできません。

言い換えれば、「適応度」はいつも未来の値です。現在使われている適応度の定義の中には時間の概念が含まれていますが、それは「次世代」という限定がつけられることで、時間とは関係ないように見えているだけです。

それでは、「次世代」と限定された適応度の大小を比較して、遺伝タイプの増減を測るという行為はどのような意味を持っているのでしょうか？

次世代とは、ある個体にとって「適応度」を定義できる最も直近の未来だということができます。遺伝子が伝わらないと適応度は生じません。その最短の未来が次世代です。

別の言葉でいうならば、現在使われている「適応度」の定義は、ある遺伝タイプにとって、できるだけいまに近い時点での「適応度」を記述しようとしています。

現在の進化論では、「適応度」の大小で進化の方向が決まるとしています。これは現在の瞬間的な増加率を比較して、それの大きいほうが将来の世代での頻度を増すだろうという予想です。つまり、現在という時点で微分しているようなものです。

微分などというと目がくらむという人もいるでしょうが、何のことはない、連続的に変化する関数のある点における接線の傾きが微分係数ですから、まさに「ある瞬間における増加率」のことです。

この大小で将来どちらが集団を占めるかを決めているということですから、現在から遠い将来にかけて、この増加率には変化が生じないという仮定が隠れています。そう仮定できるからこそ、現在という瞬間の増加率だけを比較して、将来どちらが優占するかを予想できるのです。

しかし、現実の生物でそのような仮定は成り立つのでしょうか。このことを考えるには、先に例に出したアミメアリの大型チーターと小型の普通ワーカーのことを考えるとわかりやすいかも知れません。

チーターは働かずに多くの卵を産みます。小型ワーカーは働きますが、少数の卵しか産めないのです。両者が同一のコロニーに存在するとき、現在という瞬間では、瞬間的な増殖率が高いチーターの適応度が必ず高い。適応度の原理からは、チーターが優占するはずですが、チーターだけになると誰も働かずにコロニーが滅びます。遠い将来にどちらが生き残るかを考えると、小型ワーカーのほうです。

もし、適応度の測定時点を次世代とせず、もっと遠い未来での適応度を定義し比較したら、小型ワーカーのほうが高い適応度を持つということになるのです。

進化とは、遠い未来にどうなるかを問題にしているのに対して、いまの「適応度」は、現在という瞬間だけを見ています。現実には、短期的な適応度は高くても存続性が低く長続きしないタイプと、短期的な適応度は低くても長期間存続できるタイプが競争することも十分考えられます。この場合、現在においては前者の適応度が高く、遠い未来の適応度は後者のほうが高いでしょう。

それでは、一体どのようなことが起こるのでしょうか。

一七四ページでも紹介したカブトエビの例が参考になります。全ての卵を翌年に一斉に孵化させる短期的適応度の高い種類は、何年か好適な環境が続けば急速に頻度を増すでしょう。しかし、実際には環境はいつも好適とは限らないので、そのように振る舞うカブトエビはいないのです。

つまり、カブトエビの繁殖戦略は、次世代の適応度だけを考えていては説明できません。なぜならば、次世代の適応度は一斉孵化タイプが必ず高いのですが、実際には、長期的な適応度が高いタイプが勝っているのです。

それでは、なぜ一斉孵化タイプは勝てないのか？

環境が極めて不安定だからです。

ということは、実際に起こっている進化は、現在の瞬間適応度に基づいた進化モデルが想定していない、環境側から与えられる制約（例えば環境変動）を考慮に入れないと説明できないということです。

一定の環境で競争すれば必ず勝つはずのタイプが、なぜ実際には負けるのか。それは、進化が生物の形質の都合だけで起こっているのではなく、環境との相互作用の結果によって増減するという仕組みになっているからです。

瞬間適応度の比較という現在標準的な進化の解析方法は、進化学の発展に多大な貢献をしました。しかし、現実の進化がそのモデルの予測とは異なっているのならば、それを取り扱えるようなより包括的なモデルが必要です。しかし、将来のモデルがどのようなものかは、いまはわかりません。

それを考えていくことが、私を含めた未来の進化学者に要求されています。

現在の考え方が微分的であるという話をしましたが、長期的な環境変動などがもたらすリスクを含んだ進化モデルはおそらく、確率関数を含む積分的なものになるのだと想像しています。もちろん、適応度をより的確に表す新しいモデルも必要でしょう。

学問的な小難しい話はこのくらいにしておきますが、そういう従来の枠を超えた考えが、未来の「進化論」を作り出していくのです。

## 今やるか、明日やるか——時間の中で生きる生物たち

時間の話が出たので、時間に絡む生物の話をもうひとつしましょう。

いま、ある人があなたにお金をくれると申し出ているとします。

その人が出している条件は、いま受け取るなら一〇〇〇円あげましょう。しかし、明日受け取るならば、一〇一〇円になります、というものです。

あなたは今日、明日のどちらに受け取りますか?

多分、ほとんどの人が、今日一〇〇〇円を受け取ることを選ぶでしょう。

それでは、今日と答えた人に質問です。

明日まで待てば、一二〇〇円になるとしたら、どうでしょうか。明日まで待つ人も出てくるのではないでしょうか。このように、人間はすぐにもらえる低い価値と、もっと後まで待って初めてもらえる高い価値を等価であると考える点がありま す。つまり、将来の価値は割り引かれて考えられているのです。これを「時間割

引」と呼びます。

この話は、元々経済学の分野から出てきたものです。

経済学では、人間は合理的な意思決定をすると考えて、人間の経済行動を解析しようと試みましたが、どうもそれがうまくいかないのです。そこで、「人間は必ずしも合理的な意思決定をしないのではないか」という考えが生じてきました。その例が「時間割引」だというのです。

あるもの（例えば、お金）の価値は、時間とともにどのように割り引かれていくのでしょうか。人間を使っていろいろと調べてみると、遠い未来ほど割引率が大きいのはいいとしても、同じ時間を待つ時の割引率は時間とともに一定ではないということがわかってきたのです。

例えば、今日の一〇〇〇円を受け取る場合と、明日の一〇一〇円を受け取る場合ならば、今日一〇〇〇円を受け取ることを選んだとしても、三十日後の一〇〇〇円と、三十一日後の一一〇〇円ならば、一日待つという人がいるのです。

同じ一日という待ち時間なのにもかかわらず、割引率は違っています。つまり、「どれだけ価値が上がると待つか」という分岐点が時間とともに変化するのです。

一般に報酬がもらえるのが近い未来では割引率は大きく（多くの割り増しがないと待たない）、遠い未来になるほど割引率は小さい（少しの割り増しでも待つ）ことがわかっています。

さらに、「時間割引率」がどのように下がるかは時間と比例している（指数割引）のではなく、割引率は最初時間とともに急速に下がり、ある程度時間が経つと下がり方が緩やかになるという双曲線状になることがわかっています。

この双曲線性が強いと、合理的な判断ができなくなります。

例えば、貯金をすることを考えてみましょう。貯金とは、今日お金を使うことをあきらめて、将来にお金を使うという決断です。予定通りに貯金ができればいいのですが、多くの人の時間割引は「双曲線状」です。近未来の割引率は大きいので、わずかな利得しかもたらさない貯蓄を先送りしがちです。

それでも、遠い将来には、少しの割り増しで消費を先送りして貯金できると信じている訳ですが、実際にその時が来てみると、やはり大きな利得がない貯蓄をやめて、お金を使ってしまうのです。

もうひとつの例を出しましょう。ダイエットです。「ダイエットをして健康的に暮らす」という計画を立てても、近未来の割引率は大きいので今はケーキを食べてしまいます。

明日から始めればできると思っている訳ですが、明日になると、やはり今日を優先してまたケーキを食べてしまうのです。

このように、「時間割引」が双曲線状であることは、将来できると思っていた計画がその時になるとできないという結果をもたらしやすいのです。ということは、貯金やダイエットなどの「合理的には有利な計画を立てても、それが実行できない」というありがちな不利益につながってしまうのです。

読者の皆さんも身に覚えがありませんか？

このような「時間割引」の非合理性は、他の動物でも見られるのでしょうか。サル、ネズミ、ハトなどで、待たないと少量のエサをもらえるが、待つとたくさんのエサをもらえるという装置を使って学習させて、時間割引を調べる研究が行われています。

結果は、これらの動物は皆「時間割引」の概念を持ち、割引率の待ち時間との関係は双曲的である、というものでした。しかし、これらの研究は主に心理学の観点

◆時間割引は双曲線状になる

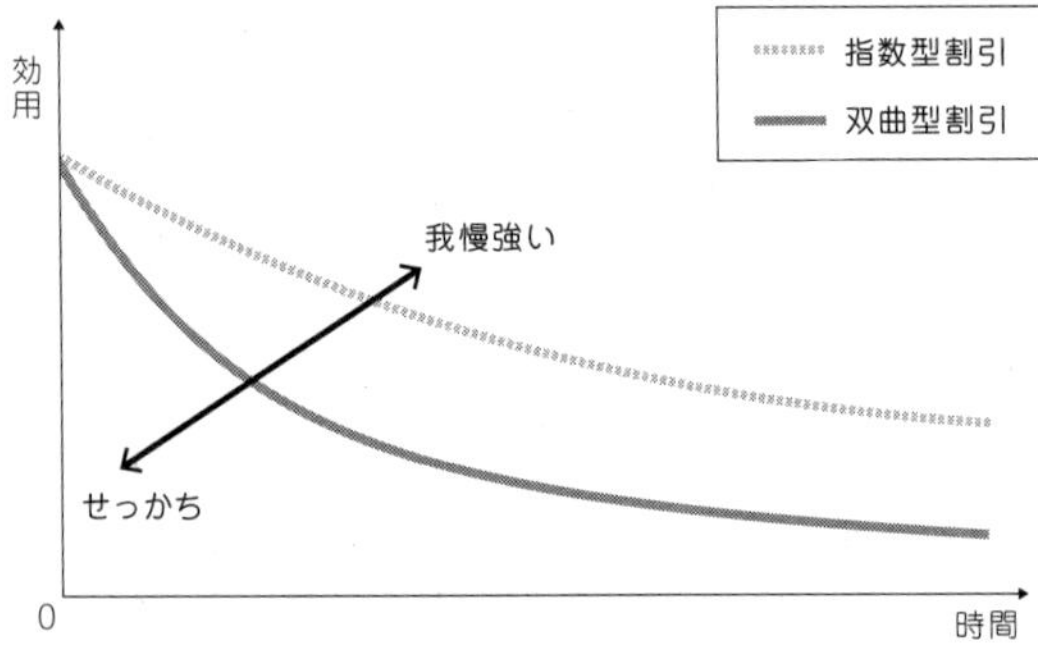


から行われており、観察される非合理性は「脊椎動物が持つ高度な脳の認識の歪《ゆが》みに由来するのではないか」と解釈されています。つまり、時間割引という一見不合理な行動は、高度な脳を持つがゆえの避けがたいエラーだという訳です。

それでは、高度な脳を持たない昆虫では「時間割引」はあるのでしょうか。もしあれば、「時間割引」という現象は認識の歪みなどではなく、何らかの適応的な意義のある進化現象である可能性があるでしょう。

私たちの研究室では、コオロギを使って「時間割引」の研究をしています。コオロギでも学習させることは可能なのですが、学習させると、時間割引は学習の副産物だという仮説を否定できなくなるので、彼らが先天的に価値の高低を判断している形質を使って「時間割引」の研究をしています。

それはオスの鳴き声です。

コオロギのメスは、オスの価値をその鳴き声で判断しています。オスは「リリリリ」と鳴きますが、そのとき一秒間あたりに、たくさん「リ」のパルスがある（つまりテンポが速い）オスの声を好むのです。そこで、細長い通路を作り、メスを真ん中に置き、両側からテンポの違うオスの声を聞かせてどちらの声を選ぶか、という実験を行いました。

両側までの距離が同じだと、メスは確かにテンポの速いオスを選びます。しかし、メスを置く位置を変えることで、両方のオスまでの距離を変えてやる（質の悪いオスへ近づけていく）と、遠くに質の良いオスの鳴き声が聞こえているにもかかわらず、近くの質の悪いオスを選ぶようになります。

まさに、すぐに手に入る質の低いオスと、出合うまでに時間のかかる質の高いオスの間で、価値の割引が観察されます。この価値の割引率が双曲的になっているかどうかは現在確認中ですが、とにかく学習していない無脊椎動物でも時間割引に相当する現象があるのは確認できました。

ということは、割引という現象が学習の副産物ではなく、少なくともコオロギにおいては、先天的に獲得している形質だということが示された訳です。それでは、生物はなぜ一見非合理な双曲線的な「時間割引」のパターンを示すのでしょうか。

これまでの議論では、報酬の受け取り時間が異なると、同じ待ち時間に対して割引率が異なるのは非合理だと考えられてきました。しかし、全ての生物はいま生きてはいますが、常に死の危険はあるため、次の瞬間に生きている確率は「一」ではないのです。であれば、未来の価値が現在の価値より割り引かれていても不思議ではありません。というよりも、待っている間に死んでしまえば元も子もないので、死にやすい場合は待たず（割引率が大きい）、死ににくい場合は待つ（割引率が小さい）というやり方が進化するでしょう。

そして、一般的に生物は子どものうちには死にやすく、十分成長した個体は死ににくくなります。若い個体にとって、直近の未来の割引率は大きくなり、遠い未来の割引率は小さくなるはずです。若いうちは死にやすいので、未来のことより今の利益が大事、しかし遠い未来まで生きていられればその後に生きている確率も高いので、少しでも利益が大きければ待ったほうが得になる確率が高いからです。

こう考えると、「時間割引」のように一見有利ではないかのように見える形質も、実は合理的なのかも知れません。もちろん、コオロギの時間割引が双曲線的なのか、あるいは前述のように年齢に応じた死亡率の変化によりもたらされているのかは、まだわかりません。また、次の瞬間生きていられる確率により割引率が異なるのならば、割引の大小が、年齢や自分の死ににくさとともに変化してもおかしくありません。

実際、コオロギでは、若いうちはシビアにオスの鳴き声を選ぶのですが、歳を取って寿命が残り少なくなってくると、シビアには選ばなくなっていくのです。現在、そういう観点からコオロギや小型の魚を使ってどうなっているのかを調べているところです。

生物にとって現在の価値と未来の価値は同じではない。

このような時間の効果は、従来の「進化論」ではほとんど論じられることがありませんでした。しかし、全ての生物は時間の中で生きているのです。時間という観点は、未来の「進化論」にとって無視することができない要因です。

# 損して得取れ！——性の謎

人間には女と男がいます。

聖書では、神は男（アダム）の骨から女（イヴ）を作り、楽園であるエデンの園に住まわせました。しかし、ヘビの誘惑により、神が禁じた知恵の実（リンゴ）をイヴが食べ、また、アダムにも食べさせたのです。人が生命の実を食べて永遠の命を手に入れることで、自分と等しい存在となることを恐れた神により楽園を追放されたという伝説が書かれています。

このように、性の存在は人間にとって根源的なものです。もし、性がなければ、恋愛のもつれなど、この世の悩みのタネの何割かは存在しないでしょう。

生物学的には、性とは、「子どもを残す時に他の個体の遺伝子の一部を取り込んで混ぜる行為」として定義されます。生物のほとんどは何らかの形で性を持っていますが、生物は元々バクテリアのようにただ分裂して増えていくものだったはずですから、性は無性の状態から二次的に進化してきたものです。それがこれだけ多くの生物に見られるということは、性には無性生物にはない何らかのメリットがあるからだと考えられます。

ところが、性があるということは、「適応度」の点から見ると大きなデメリットなのです。例えば、子どもを産むのはメスです。ということは、自分の子どもを全部メスにした時、孫世代に最も多くの子孫を残せることになります。

有性生殖生物は必ずオスの子どもを産まざるを得ません。子どもの半分をオスにすると、孫の世代に生産される子どもの数も半分になってしまうのです。しかし、無性的に繁殖すれば、全ての子どもは子どもを産みますので、この問題は生じません。

つまり、性を持つと、それだけで適応度がいきなり半分になるのです。これを「性の二倍のコスト」と呼びます。無性生殖をしている集団の中に有性の変異体が現れたとしても、そのメリットが二倍より大きくなければ進化できないと考えられます。

有性生殖と無性生殖の両方のタイプがいるいくつかの生物で、性を持つことのメリットが調べられています。性を持つことには、ある程度のメリットが認められていますが、その量は二倍を上回るものではありませんでした。

したがって、性がなぜ進化できたのかは謎のままなのです。しかし、現実問題として性が世界にあふれているということは、性には進化的なメリットがあることを示唆しています。

それでは、性のメリットとは何なのでしょうか。つまり、性をもたらしている遺伝子にとってのメリットです。いくつかの仮説がありますが、「環境は変動するので、子孫に遺伝的多様性を持たせたほうが、様々な環境で生き延びることができて有利である」という仮説について考えてみましょう。

性とは自分の子どもを作る時に、他の個体の遺伝子を混ぜる行為です。「点突然変異率」は、塩基あたり一〇〇〇万分の一くらいだと考えられていますから、性は、「点突然変異」のみで生じる遺伝的な多様性よりも、はるかに大きな遺伝的多様性を子どもに与えることができます。

環境が様々に変動しても、子どもの中の遺伝的多様性が大きければ、いずれかの子どもは生き延びることができ、自分の子孫が絶滅しないと考えているのです。性の進化を説明する時、変動する環境とは物理的な環境のことではなく、宿主に致命的ダメージを与える病原菌などの生物的環境の変動も考えられています。病原菌の多くは、宿主がある遺伝的な特徴を持っている時にだけ感染できるので、この場合も子どもが遺伝的に多様であれば、全ての子どもが病気に感染して全滅することがなくなるという訳です。

物理的環境が変動する場合と、生物的環境が変動する場合は、理論上は別の仮説として考えられていますが、根本的なロジックはどちらも同じで、子どもが遺伝的に多様だと、全ての子どもが死亡する確率が下がるということです。

さて、この考え方はすでに見た記憶がありますね。そうです、カブトエビのように短期的な増殖率を上げるよりも、長期的な存続性を確保するほうが有利だという考え方です。それでは、性があると、性の二倍のコストを上回るほど子孫の絶滅率が下がるのでしょうか。残念ながら、信頼できるデータはありません。

現在の適応度は「次世代に伝わる遺伝子量」として定義されていますが、次世代での子どもの生存率を比べてもそんなに大きな差は検出できないでしょう。しかし、毎世代での絶滅率が大差なくても、変動が生じた時の子孫の絶滅率に大きな差があるならば、ある程度長い時間を通して見た絶滅リスクは、無性の場合に二倍よりも大きくなるかも知れません。

残念なことに、現在、このような長期的な適応度の違いを定量的に検討する方法は考えられていませんし、実際の生物を長期的に追跡するのはほぼ不可能です。

酵母の有性系統と無性系統を使って環境を変動させた実験では、有性系統が有利になるという結果が出ていますが、多くの野外生物でこのようなことを調べるのは難しいでしょう。つまり、実験的には、変動環境の下では性の存在はそのコストを補う利得をもたらすことが証明された訳ですが、多くの野外生物における長期間の環境変動と性の意義を調べることはほぼ不可能です。したがって、野外生物における性の意義は十分に検証されているとはいえないのです。

しかし、少なくとも思考実験では成立するのですから、未来の進化学においては、このような現在ではうまく扱うことのできない理論の検証が必要でしょう。

やはり、「いかに滅びないか」という問いは、進化現象を理解するうえで、現在考えられているよりもはるかに大切な視点なのかも知れません。

もうひとつ、性の問題には考慮すべき点があります。現在、性のコストは二倍だと考えられていますが、これはオスを半分作らなければならないところから来ています。

オスとメスに同じ量の資源を投資した時に「資源あたりで返ってくる適応度が等

しくなるため、子どもの中のオスとメスの比率が一：一になるような進化が起こる」という理由から、オスとメスが同数作られるはずだという前提があるからです。

しかし、状況によってはメスに偏らせて子どもを作るほうが有利になることがあり、そのような場合は、子どもの中の性比がメスに偏りますから、性のコストは二倍より小さくなります。

私たちの研究室では、この観点からネギアザミウマという、有性型と無性型が同じ場所にいて競争している昆虫を用いて研究を進めています。いまのところ、集団全体の無性型の割合が低い場所ほど、有性型の性比がメスに偏っていることがわかっています。また、無性型との競争が強い場所では有性型の性比がメスに偏っており、性のコストを下げて無性型に対抗していることが示唆されています。

性比がメスに偏っている場合、性のコストは二倍より小さくなりますから、性のメリットが従来考えられていたよりもずっと小さくても、性は進化できるのかも知れません。性という矛盾に満ちた、現代進化学に残された最大の謎も、このようなコストの低減と長期的適応度の最大化という観点から解き明かされていくのではないでしょうか。

# 働かないアリの意義——短期的効率と長期的存続

もうひとつ、短期的効率性と長期的存続性とのあいだに綱引きがあり、長期的安定性が進化に影響を与えていると考えられる例を見てみましょう。

それは、アリのコロニーです。

アリは働き者であると考えられています。暑い夏の日でも、地上に落ちた昆虫にはたくさんのアリたちが群がり、それを巣に運ぼうとしています。このような様子から、イソップの童話では、アリがせっせと食べ物を集めていた夏に、鳴いて暮らしていたキリギリスが、冬になって食べ物が無くなってアリの巣を訪ねると「あなたは夏には鳴いて暮らしていたのでしょ？　ならば冬は踊って暮らせばいい」とすげなく追い出されてしまう、という訓話（働かざるもの食うべからず）を残しています。

かように、アリは働き者であるというイメージがあります。

しかし、アリの大部分は巣の中で暮らしており、地上に現れるアリはエサを集めるためにやってくるのですから、いつも働いているのはある意味で当然のことです。

それでは、巣の中のアリはどうなのでしょうか。中を観察できるような人工のアリの巣を作って観察すると、意外なことがわかります。

ある瞬間を見てみると、全体の三割くらいしか働いておらず、後の七割はボーッとたたずんでいたり、自分の体を掃除しています。子どもの世話のような、コロニーの他のメンバーの利益になるような「労働」をしていません。

まあ、ある瞬間に働いていないだけならば、人間たちの職場でも、ある瞬間にはコーヒーを飲んでいたりする訳ですから、そういうものなのかもしれません。ところが、一時的な休息ならば、時間が経てば働くはずですが、一カ月、あるいはもっと長期間アリの巣を観察しても、一〜二割のアリは、労働とみなせる行動をほとんどしないのです。

アリのコロニーの生産性を考えれば、全員が働いているほうが、生産力が高いのはいうまでもありません。それでは、自然選択の存在下でなぜ、常に働かないアリがいるような無駄が存在しているのでしょうか。

まず、ずっと働かないアリがどのようにして現れるのかを考えます。

アリのワーカーの各個体は、仕事が出す刺激が、ある一定の値以上になるとそれに反応して働きだすと考えられています。この時の仕事を始める限界の刺激値を「反応閾値《はんのういきち》」と呼んでいます。

さらに、「反応閾値」は特定の仕事について、個体差があることもわかっています。つまり、小さい刺激で働きだすものと、刺激が大きくならないと仕事を始めないものがいるのです。このようなシステムになると、ずっと働き続ける個体から、ほとんど働かない個体が自動的に現れるのです。

なぜでしょうか。

反応閾値ではわかりにくいので、人間の中にきれい好きの人とそうでもない人がいることにたとえて、説明しましょう。

きれい好きの「程度」が様々な人々が集まり、部屋で何かをしていると考えます。時間が経つとだんだん部屋が散らかっていきます。

このとき、誰が掃除を始めるのでしょう。そうです、きれい好きの人ですね。きれい好きの人は部屋が散らかっているのが我慢できないので、少しでも散らかってくると掃除を始めてしまいます。

さて、部屋がきれいになりました。そこでまた皆が何かをやっていると、再び部屋が散らかってきます。誰が掃除するでしょうか？　そうです。また、きれい好きの人が掃除するのです。

理由は「散らかっていると我慢できない」からです。結局、きれい好きの人はいつも掃除をしていますが、散らかっていても平気な人は全然掃除をしません。

この時大事なことは、もしきれい好きの人が疲れて掃除ができなくなってしまって、部屋がさらに散らかると「あまりきれい好きでない人が掃除を始める」ことです。そういう人も、ある程度を超えると部屋が散らかっているのには耐えられないからです。

アリでも同じことが起こっていると考えられます。

働かないアリはサボっている訳ではなく、ある一定の値以上に仕事が出す刺激が大きくなればちゃんと働けるのですが、さっさと働いてしまう個体がいるために、働かずにいるだけです。ともあれ、全体を見てみると、いつも働いている個体から、ほとんど働かない個体まで、様々なアリがいることになります。

さて、このような反応閾値の「個体間変異」があると、働かない個体が必ず現れてしまうことがご理解いただけたと思います。実際にアリはそうなっていると考えられる訳ですが、問題なのは、短期的な生産量が大きいほうが適応度的には有利なのにもかかわらず、「アリはなぜ、必ず働かない個体が出現するようなメカニズムを、コロニーの労働制御のシステムとして採用しているのか」ということです。

次はこの問題について考えてみましょう。

私たちが注目したのは「アリも疲労する」という事実でした。イソップの童話のせいかどうかは知りませんが、いままでアリが疲れるということを考えた人はいなかったのです。

しかし、全ての動物は筋肉で動いており、生理的に筋肉は必ず疲労します。疲れたら、ある時間休まないと仕事を続けることはできません。それはアリも同様です。

さてここで、全員が一斉に働いてしまうような、短期的生産性の高いコロニーを考えてみます。このようなコロニーは、時間あたりの仕事処理量は高いでしょうが、その代わり、全ての個体が一斉に疲れて誰も働けなくなるという時間が生じてしまうでしょう。

もし、コロニーに絶対にこなさなければならない仕事があるとしたら、その瞬間には誰もその役割を担えなくなってしまいます。その仕事ができないことがコロニーに大きなダメージを与えるとしたら、その仕事をこなせる誰かが常に準備されていないと大変なことになります。もしかすると、「働かない働きアリ」は、誰も働けなくなる危険きわまりない瞬間のリスクを回避するために用意されているのかも知れません。

そんな仕事があるのでしょうか。

あると考えられます。

アリやシロアリは卵を一カ所に集めて、常にたくさんの働きアリがそれを舐《な》めています。シロアリでの実験では、卵塊《らんかい》から働きアリを引き離してしまうと、ほんのわずかな時間放置しただけで卵にカビが生えて全滅してしまうことがわかっています。さらに、シロアリの働きアリの唾液には抗生物質が含まれており、働きアリたちは唾液を卵に塗り続けてカビを防いでいたのでした。

アリも同様でしょう。卵が全滅すればコロニーにとって大きなダメージになりますから、卵を舐めるという仕事はコロニーにとって、誰かが必ずこなし続けなければならない仕事なのです。普段働かないアリは仕事が出す刺激が大きくなれば働きますから、他の個体が疲労して休まなければならない時に代わりに働くことができます。

そうやってコロニー内の重要な仕事を途切れさせないようにすること。これが常に働かないアリが準備されなければならない理由だと考えられます。

そのような状況を想定したシミュレーションでは、疲れがある場合にのみ、反応閾値の変異を持つコロニーは、そうでないコロニーよりも長く存続することが示されています。また、シミュレーションでも実際のアリのコロニーのどちらでも、普段働くアリが休んでいる時には普段働かないアリの仕事量が増えるという、仕事の交替が起こることも示されています。

やはり、短期的生産量が少ないという反応閾値の変異システムは、長期的存続性を保証するために進化したのだと考えることができそうです。

この話は、訪れるかも知れないリスクを回避するための形質が進化するという点において、カブトエビの繁殖戦略の話に似ています。しかし、重要な違いは、カブトエビの場合は、変動するのは環境であり、環境が好適でなくなるリスクに対する適応だと考えられるのに対して、働かないアリの場合は、外部環境ではなく、自分たちの集団の内側に生じるリスクに対する適応であるということです。

どれだけ安定した環境に住んでいようとも、このリスクは生じます。動物が疲れるという生理的な制約から逃れることはできないからです。

やはり、リスク回避に対する適応という現象は、私たちが思うよりもずっと普通の現象なのかも知れません。これまでの適応度の考えではうまく説明できない現象も、このようなリスク回避と長期的存続という観点から、未来の進化生物学では説明されていくことでしょう。

# 進化論も進化する――一神教と多神教

本書では、「進化論」の過去・現在・未来と将来を見てきました。こうして「進化論」の歴史を振り返ってみると、「進化論」もまた進化してきたことがおわかりいただけるのではないかと思います。

過去から現在にかけて、「進化論」は常に姿を変え続けてきました。ダーウィンの「自然選択説」が現れてからは、それを基盤に議論が展開されてきたとはいえ、時代時代の新しい知識が付け加わるに伴い、それらを包含する形で新たな観点が付け加えられてきたのです。

ところで、本書は専門家向けに書かれている訳ではなく、一般の方を読者として想定しています。この時、「進化」という言葉は、どんなイメージを喚起するでしょうか。

人が「あいつも進化したなあ」と言うとき、その人は無意識のうちにあるイメージを重ねています。それは、「進化とは元の状態より進歩した状態を指す」というイメージです。その当人の技術や能力が以前より劣っている時にそのようなことを言う人はいないでしょう。ですから、私たちは「進化」というとき、常に高い能力や完成された姿に向かって近づく、というイメージを重ねているのです。

ダーウィンが自然選択に基づく「進化論」を発表したのは、百五十年ほど前のことにすぎませんが、それまでほとんど進化という考え方が広まっていなかった世界で、ダーウィニズムはたちまちのうちに広がり、多くの人に受け入れられていったのです。

なぜでしょうか。それは「自然選択」という考え方が、より良いものへと変化していくということをイメージさせたからに違いありません。本書をここまで読んでこられた方の中にも、そのように理解している方がいらっしゃるのではないかと思います。

しかし、ダーウィンが考えた「自然選択説」の本質的に重要な観点はそれだけではありません。たしかに、環境がある状態の場合、自然はその環境により適したものを選び出す作用をもたらします。この原理によって適応が生じるのです。しかし、それだけではダーウィンがいったことの意味の半分しか理解したことになりません。

ダーウィンが現れるまでの（例えばラマルクの）「進化論」とダーウィンの「進化論」の大きな違いは、ラマルク（そしてダーウィン以前の進化論者）は、「生物はあるべき姿に向かって単純なものから複雑なものへと完成されていく（存在の階梯《かいてい》と呼ぶ）ように進化する」と考えていたのに対して、ダーウィンは初めて「進化には方向性はない。ただ、その環境に合ったものが生き残ることにより進化が起こる」と主張したことです。

ダーウィンの主張の意味は、「退化」と呼ばれる進化現象のことを考えればよくわかります。退化とは、洞窟に住む生物の眼がなくなったり、天敵がいない島などで鳥が飛べなくなったりする現象を指しています。

「退化」では、一度獲得した複雑な形質が失われてしまいます。だからこそ「退化」という、価値が減じるかのような呼び方をされる訳です。しかし、本文中で説明したように、その環境で必要とされない形質を維持するためにはコストがかかります。それゆえに、その形質を作らないようにする別の遺伝的タイプのほうが増殖率は高くなり、有利になるのです。

したがって、ダーウィンの「自然選択説」の下では、進化と退化には何ら差がなく、退化という言い方自体が人間の価値観に基づいており、科学的には不適切な呼び方だということになるのです。

一言でいえば「全ての適応は自然選択により、環境に応じた形で生じる」のであって、「元々決められた方向性に向かって、進化するのではない」ということです。え、違いがわからない？　もう一度いいましょう。

ダーウィンの「進化論」では、形質がどのように進化していくのかを決めているのは「その時の環境」です。環境は時々刻々、場所によっても変動しますから、進化には本質的に方向性がないのです。ラマルクの「進化論」や、現在でも多くの人々が漠然と信じているように、ある完成された形に向かって変化するのではないのです。ダーウィンの「自然選択説」は「環境に応じて生物が適応する」という観点では広く受け入れられましたが、「進化には決まった方向性がない」という観点はほとんど理解されませんでした。

なぜでしょうか。もし、決まった方向に向かって進化するのだとしたら、完成された形があるのならば、何らかの理想がそこにあるからだということになります。

誰の？　もちろん「神」です。科学は元々、自然がうまくできていることを示すことにより、神の全能性を証明し、神を称《たた》えるための思想として始まったのです。

もちろん、ダーウィンの時代の科学者も、自分では意識していなかったかも知れませんが、そのような思想的背景が自分の中にあったことでしょう。ましてや一般の人々なら、なおさらです。「自然選択説」の思想は、そのような無意識的な進化の目的性をうまく説明します。だからこそ、ダーウィンの「進化論」はブームとなり、受け入れられたのでしょう。

また、人々が無意識に「神」、あるいは「超自然的な目的」という考えを受け入れていたので、適応を生じさせる「統一原理」である自然選択が、「生物の多様性を説明する唯一の原理」として歓迎されたのでしょう。

世界の裏には、それを実現するただひとつの原理がある。唯一神を掲げるキリスト教文化の下では、そのような「美しい世界」はひとつの理想として輝いて見えたでしょう。しかし、それは「適応万能論」や「現在の適応度を次世代の遺伝子コピー数とする」という硬直化した定義につながっているのです。

つまり、多くのことを説明できるただひとつの原理により記述できる世界は、一神教的な基準ではとにかく美しいのです。

しかし、科学としてのダーウィンの「進化論」の偉大さはむしろ、ダーウィニズムがいっさい「神」を必要とせずに、生物の多様性や適応を説明できた、という進化の無目的性にあります。ダーウィンの「進化論」が現れて初めて、私たちは、世界には完成形があるという前提なし（つまり神なし）に、生物の進化を理解することが可能になったという点にこそ、ダーウィンの「進化論」がその後の「進化学」の基盤となった根拠を求めることができるのです。

しかし、しかし、です。進化という現象は、ただひとつの原理に還元できません。少なくとも論理的には、遺伝子頻度の世代間の変動をもたらす原理としては「自然選択」と「遺伝的浮動」の二つがあります。適応主義者は、「形質の進化には自然選択しか働いていない」と強調しますが、この話は機能を持った形質に限られたものであり、論理的には「遺伝的浮動」による遺伝子頻度の毎世代での変化（つまり進化）を排除することは不可能です。

また、「次世代への遺伝子コピー数」という現在の適応度の定義をベースとした進化の解釈は、非常に多くの優れた結果をもたらしましたが、生物の多様性がそれだけでは説明できないらしいことも、すでに見てきました。

現実そのものが、多元的な尺度に基づいて起こっているのならば、私たちも自然とはそのようなものであるという前提に立って、生物の多様性を説明していく態度が求められるでしょう。そのときに必要なのは、一神教的な「美しさ」を求める態度ではなく、複雑でわかりにくくても、そういう世界をそのままに理解していく多神教的な態度ではないでしょうか。

というよりも、世界がそのようなものだとしたら、そのような複数の原理が絡まり合う猥雑《わいざつ》なものとしてしか生物の進化は理解できないでしょう。「美しくない」としても、多元的な解釈をとることで、いままで説明できなかった様々な現象に納得のいく説明がつくのならば、そのほうがよほど価値のあることだと私は思います。

まあ、新しい考えは、「中立説」を考えた木村資生博士が、適応論者から最初は理不尽とも思える攻撃を受けたように、なかなか受け入れられないものです。ですから、学者として生きていくために必要な論文数などの短期的な適応度を考えれば、既存の枠に乗っかって、誰にでもわかりやすい研究をやっていたほうが有利でしょう。しかし、それでは学問の長期的存続性は保持できません。新しい考えが出ずに、いつまでも同じ原理だけで話が済むのならば、その学問分野は新しいことを考える必要がなく、もう終わりということだからです。

本書の中でいくつかの例を出してきたように、「進化生物学」という分野の面白さはいささかも失われていないと私は考えています。もちろん、既存の考え方では様々な分野が煮詰まっていますが、それは私たちの頭が、「ある」と信じる完成形にとらわれて、見えるものも見えなくなっているだけなのではないでしょうか。「進化論」が今後どのように進化するのかは、未来になってみないとわかりません。しかし、いままでずっとそうであったように、新しい知見やものの見方を取り込み、「進化論」そのものも生物の無限の多様性と同様に、終わることなく進化し続けていくことでしょう。そして、「それを面白がり、転がし続けていくこと」が、私たち進化生物学者の使命なのだと考えます。

# おわりに

「進化論」も進化する——。ダーウィンが初めて、神の力無しに生物の適応を説明し、生物の多様性の理解につながる「自然選択説」を見つけ出してから、すでに百五十年以上の年月が過ぎました。

当然のことながら、「進化論」自体が、最新の生物学的知見を取り込みつつ、少しずつ姿を変えてきました。もちろん、根幹の部分に自然選択があることは変わりませんが、それが進化現象の全てを説明するのかどうかについても、本書では触れられなかった激烈な論争があったのです。

進化には二つの側面があります。ひとつは、生物を多様化させて、適応を起こさせる機械的原理としての側面。これは「自然選択」であり、生物がどのような形質を持ち、どのような環境にいたとしても、常に働き続ける不変の力として理解されています。ただし、これだけでは進化を説明したことにはならないのかも知れません。

「進化学」には、「生命がこの世に誕生してから、どのように変化を続けて、様々な生物となっていったか」という、いわば進化の歴史を推定し、記述するという側面があるからです。この観点からは、「自然選択」の存在だけで、そのパターンが一元的に説明できるものではないでしょう。

例えば恐竜が絶滅したのは、小惑星が地球に衝突したことによる大規模で急激な気象条件の変化が、それまでの環境に十分適応していた彼らをいきなり不利な状況に追い込んでしまったからだと考えられています。この時にも「自然選択」は常に働き続けたでしょうが、その働き方が「小惑星の衝突」という偶然の出来事により、いきなり変化するという偶発性が関与していたわけです。

したがって「進化」とは、一定の環境の下で「自然選択」が働き続けるというような完成形に向かっていくものではなく、偶然の要因に左右された「一回こっきり」の歴史現象でもあるのです。

「自然選択」は確かに優れた理論です。また、人間には、ただひとつの原理によって説明される「美しい世界」への憧れのような感情があり、その点から「自然選択は全てを説明できる」といった「適応万能論」が現れたことも見てきました。

しかし、この進化を駆動する力学的原理として「遺伝的浮動」というもうひとつの原理があることが、この統一原理による完全説明を不可能なものとしています。いわば進化は、複数の原理が絡んだ複雑な現象です。人間が人間である限り、これからも「完全なただひとつの原理により全てを説明したい」という欲望はなくならないでしょうし、それゆえに「多元的な見方に基づく進化論」は嫌われるのかも知れません。

しかし、次世代の適応度の大小だけに基づき、環境はずっと変化しないと考えて解析する現在の理論が、全ての場合に当てはまらないことは明白です。本書の中でもいくつか指摘してきたように、いままで私たちがあまり考えてこなかったいくつかの要因が、進化現象に影響を与えていることも見てきました。

そういった新たな視点が、自然選択による適応と多様性の創出という大原則を覆すことはないかも知れませんが、新たな視点を取り入れないとうまく説明できない現象は確かにあるのです。

しかし、心配することはありません。そういう新たな展開がまだあるだろうということ自体が、学問にとっては希望となります。何をやっても従来の考え方からは生み出ることがないとしたら、もうその学問を研究する必要はないのです。

未来の「進化論」は、今とは違う形のものとなっていくでしょう。しかし、私たちが、私たち自身を含む生物の素晴らしい多様性とその由来に関する興味を失わない限り、「進化論」の進化も続くのです。まだ見ぬ新たな「進化論」の出現を楽しみに待つとともに、できれば、自分がそのような歴史を作り出す立場になれれば、とても幸せなことです。それを目指して、誰も考えたことのない問題にチャレンジし続けていきたいと思います。

終わらない進化に花束を。

二〇一五年四月

長谷川英祐

# 文庫版おわりに

この本を書いてからかなりの年月が経ちました。その間、適応進化学の基本を揺るがすような発見がありました。一つめは、進化に必要な表現型の変化は、塩基配列の突然変異以外によっても起きる、ということです。エピジェネティクスと呼ばれていますが、遺伝子内の塩基Cが化学的にメチル化されたりすることで、タンパク質（アミノ酸鎖）の合成速度が変わり、その結果個体の表現型も変わる、ということが見つかったのです。さらに、その変化が起きたものは、少なくとも数世代は「遺伝する」こともわかっています。

「適応進化の総合説」は、進化に必要な「変異」源を遺伝子上の突然変異だけだとしていますが、そうではないということです。前述の発見は、生物が生きているうちに獲得した形質が「遺伝し得る」ことを示しており、一度は否定されたラマルクの「用不用説」が復権するかも知れません。私のラボでは、コロニーにいる全員が遺伝的クローンであるアリでも、個体間の反応閾値《いきち》にバラツキがあること、閾値が短期間のうちに変化することを突き止めています。この原因がエピジェネティクスによるものなのか調べている最中です。

もう一つは、「自然選択」だけでは、生物は必ず資源を使い果たして絶滅するはずですが、実際にそうなっていないのは「存続できない関係は滅びることにより淘《とう》汰《た》される」という高次の選択（「永続選択」と呼んでいます）があるからだ、という確信を得たことです。現在、理論、実証両面から検証中ですが、存続可能な群集は「全ての関係がｗｉｎ－ｗｉｎ」になる、と予想されます。ほとんどの進化学者は「自然選択」による利己的進化は必要十分と考えていますが、その果ては「共生」になるので、現実は面白い。これだから、科学は止められません。

暴風雪で全ての列車が止まった白き札幌より。

二〇二二年二月二十二日

長谷川英祐

著者紹介
**長谷川英祐**（はせがわ　えいすけ）
進化生物学者。北海道大学大学院農学研究院准教授。動物生態学研究室所属。
1961年、東京都生まれ。子どもの頃から昆虫学者を夢見る。大学時代から社会性昆虫を研究。卒業後は民間企業に５年間勤務。その後、東京都立大学大学院で生態学を学ぶ。主な研究分野は、社会性の進化や、集団を作る動物の行動など。特に、働かないハタラキアリの研究は大きく注目を集めている。趣味は、映画、クルマ、釣り、読書、マンガ。
著書に、『面白くて眠れなくなる生物学』（ＰＨＰ文庫）、『働かないアリに意義がある』（ヤマケイ文庫）、『縮む世界でどう生き延びるか？』（メディアファクトリー新書）などがある。

本書は、2015年７月にＰＨＰエディターズ・グループから刊行された作品を文庫化したものである。

ＰＨＰ文庫　面白くて眠れなくなる進化論

2022年４月18日　第１版第１刷

著　　者　長谷川英祐
発行者　永田貴之
発行所　株式会社ＰＨＰ研究所
東京本部　〒135-8137　江東区豊洲5-6-52
ＰＨＰ文庫出版部　☎03-3520-9617（編集）
普及部　☎03-3520-9630（販売）
京都本部　〒601-8411　京都市南区西九条北ノ内町11

PHP INTERFACE　https://www.php.co.jp/

制作協力
組　　版　株式会社PHPエディターズ・グループ

印刷所
製本所　図書印刷株式会社

 ISBN978-4-569-90204-3

PHP文庫

# 面白くて眠れなくなる生物学

長谷川英祐 著

生命は驚くほどに合理的!?――「人間の脳にそっくりなアリの社会」「メス・オスに性が分かれた秘密」など、驚きのエピソードが満載!